SIMPLY

# TECNOLOGÍAS EMERGENTES

akal

## DK LONDON

**Editora sénior** Alison Sturgeon
**Diseñador sénior** Mark Cavanagh
**Editores** Claire Cross, Rob Dimery,
Dorothy Stannard
**Diseñadores** Vanessa Hamilton,
Mark Lloyd, Lee Riches
**Editor ejecutivo** Gareth Jones
**Editor sénior gráfico ejecutivo** Lee Griffiths
**Editor de producción** Robert Dunn
**Supervisora de producción sénior** Rachel Ng
**Directora de desarrollo de diseño de cubierta**
Sophia M.T.T.
**Diseñadora de cubierta** Akiko Kato
**Directora asociada de publicación** Liz Wheeler
**Directora de arte** Karen Self
**Director de publicación** Jonathan Metcalf

Esta edición ha sido publicada en 2024
por Dorling Kindersley Limited DK, One Embassy
Gardens, 8 Viaduct Gardens, Londres, SW11 7BW

© Dorling Kindersley Limited, 2022
© A Penguin Random House Company

Título original: *Simply Emerging Technology*

Traducido del inglés por: Dulcinea Otero-Piñeiro

Revisión científico-técnica de:
David Galadí-Enríquez, doctor en física

© para lengua española,
Ediciones Akal, S. A., 2025
Sector Foresta, 1
28760 Tres Cantos
Madrid - España
Tel.: 918 061 996
atencion.cliente@akal.com
**www.akal.com**

ISBN: 978-84-460-5700-0
Depósito legal: M-9.250-2025

Impreso en China

## AUTORA Y ASESORA

**Hilary Lamb** es una periodista, editora
y autora galardonada y especializada en
ciencia y tecnología. Estudió física en la
Universidad de Bristol y comunicación
de la ciencia en el Imperial College de
Londres antes de pasar cinco años como
reportera en plantilla de una revista. Ha
trabajado en otros títulos de DK, entre
ellos *How Technology Works, The Physics
Book, Simply Quantum Mechanics e
Inteligencia artificial*.

## COLABORADORA

**Bea Perks** autora especializada en
ciencia y medicina, además de
periodista, afincada en Cambridge,
Reino Unido. Cuenta con un doctorado
en farmacología clínica, ha trabajado
como editora en revistas, ha escrito
para compañías farmacéuticas y ha
colaborado con revistas y páginas
de internet dedicadas a la divulgación
científica. Es autora de *Knowledge
Encyclopedia Science!, Super Science
y Timelines of Science*.

# CONTENIDOS

# ALIMENTACIÓN Y AGRICULTURA

# TRANSPORTE

# TECNOLOGÍAS DE LA INFORMACIÓN

# COMUNICACIONES Y MEDIOS

# ROBÓTICA

# ENERGÍA

# EL ENTORNO CONSTRUIDO

# LAS TECNOLOGÍAS EMERGENTES Y DEL FUTURO

La tecnología ha moldeado el mundo en que vivimos, desde la invención de la rueda hasta la llegada de las computadoras personales. Las tecnologías emergentes se pueden definir, en un sentido amplio, como aquellas que aún no han alcanzado un uso generalizado. Algunas están restringidas a contextos de investigación; otras ya cuentan con un desarrollo completo pero les falta encontrar viabilidad comercial. Lanzar una tecnología nueva al mundo del comercio constituye un reto formidable: si no es posible escalarla a lo grande no tendrá éxito.

Es posible que muchas tecnologías emergentes ejerzan efectos sociales, ambientales o económicos considerables. Se está invirtiendo una cantidad enorme de trabajo en investigar, en implementarlas con la intención de mejorar el mundo, ya sea mediante tratamientos innovadores que ayuden a pacientes con enfermedades raras o mediante ingeniería genética que produzca cultivos para combatir el hambre a escala global. Se dedican muchos esfuerzos y capitales a tecnologías que podrían ayudar a reducir los gases de efecto invernadero y a revertir las peores consecuencias del cambio climático, como las infraestructuras de energías limpias, las alternativas al transporte basado en combustibles fósiles o las herramientas para optimizar procesos industriales.

Las nuevas tecnologías emergen también como resultado de un mundo cada vez más conectado. Decenas de miles de millones de dispositivos digitales reúnen y analizan datos de todo el mundo a diario. Esta información se puede emplear para la gestión eficiente de gran diversidad de sistemas, como facilitar que vehículos individuales sorteen el tráfico para optimizar servicios en ciudades enteras gracias a la toma de decisiones en tiempo real mediante inteligencia artificial. En este mundo cada vez más automatizado, los trabajos más rutinarios, sucios o precarios los están asumiendo las máquinas.

Vivimos una época emocionante de innovación tecnológica. Si se utilizan con sabiduría, estas tecnologías emergentes podrán resolver muchos de los desafíos más acuciantes a los que se enfrenta el mundo.

# MATER

# IALES

**La ingeniería de materiales** estudia y adapta los materiales que existen e inventa otros nuevos para ayudar a resolver problemas. En la actualidad hay un gran interés por desarrollar materiales que sean más sostenibles (como plásticos compostables o componentes electrónicos más eficientes), «inteligentes» (sustancias autorreparadoras o que se adapten al entorno) o que tengan aplicaciones médicas (dispositivos biocompatibles y órganos impresos en 3D). Algunos materiales se inspiran en la naturaleza, en tanto que otros exhiben propiedades jamás vistas, como la capacidad de curvar la luz para que rodee los objetos. Sin embargo, los materiales novedosos solo se tornarán prácticos de verdad si su producción y su uso resultan lo bastante baratos.

# TAN PEQUEÑOS QUE NO SE VEN

Los nanomateriales constituyen un grupo variado de materiales que se caracterizan por su pequeño tamaño. Miden menos de 100 nanómetros (nm), y 1 nm es una millonésima de milímetro. Esta es la escala nanoscópica, también conocida como nanoescala. La naturaleza produce nanomateriales, pero también se pueden crear gracias a la ingeniería para que tengan una fortaleza extrema o una gran conductividad eléctrica. Estas propiedades los hacen potencialmente aplicables en multitud de industrias como, por ejemplo, la nanomedicina (véase p. 32), un campo experimental que recurre a tecnologías de nanoescala en el diagnóstico y el tratamiento de enfermedades.

**Cuatro categorías**
Los nanomateriales se pueden clasificar en cuatro grandes clases dependiendo de cuántas de sus dimensiones rebasen el rango de la nanoescala.

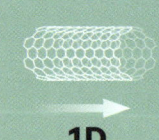

### Nanomateriales 0D

**0D**

Por ejemplo, el fullereno-C60 (o «buckybolas») o los nanocúmulos son nanomateriales 0D, los que tienen dimensiones inferiores a 100 nm.

### Nanomateriales 1D

**1D**

Los nanomateriales 1D son largos y delgados, y entre ellos se incluye los nanocables y los nanotubos de carbono. Tan solo una de sus dimensiones rebasa los 100 nm.

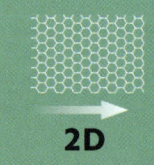

### Nanomateriales 2D

**2D**

Cuentan con dos dimensiones por encima de los 100 nm y todos consisten en capas muy delgadas. Entre ellos se cuenta el grafeno, una nanolámina.

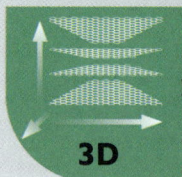

### Nanomateriales 3D

**3D**

Incluyen las nanopartículas y las nanocapas. Se trata de materiales que forman bloques que miden más de 100 nm en las tres dimensiones.

«La nanotecnología
consiste en fabricar
con átomos».
William Powell, jefe de nanotecnología
en el Centro de Vuelo Espacial Goddard

**NANOCÚMULOS**

**PUNTOS
CUÁNTICOS**

**AGREGADOS
ATÓMICOS**

**NANOPARTÍCULAS
METÁLICAS**

**PUNTOS CUÁNTICOS
DE GRAFENO**

**FULLERENO-
C60**

**NANOBARRAS**

**NANOCABLES**

**NANOTUBOS
DE CARBONO**

**NANOCINTAS**

**NANOPELÍCULAS**

**NANOLÁMINAS**

**GRAFENO
DE DOS CAPAS**

**GRAFITO**

**POLICRISTALES**

**ÓXIDO
DE GRAFITO**

**AEROGELES**

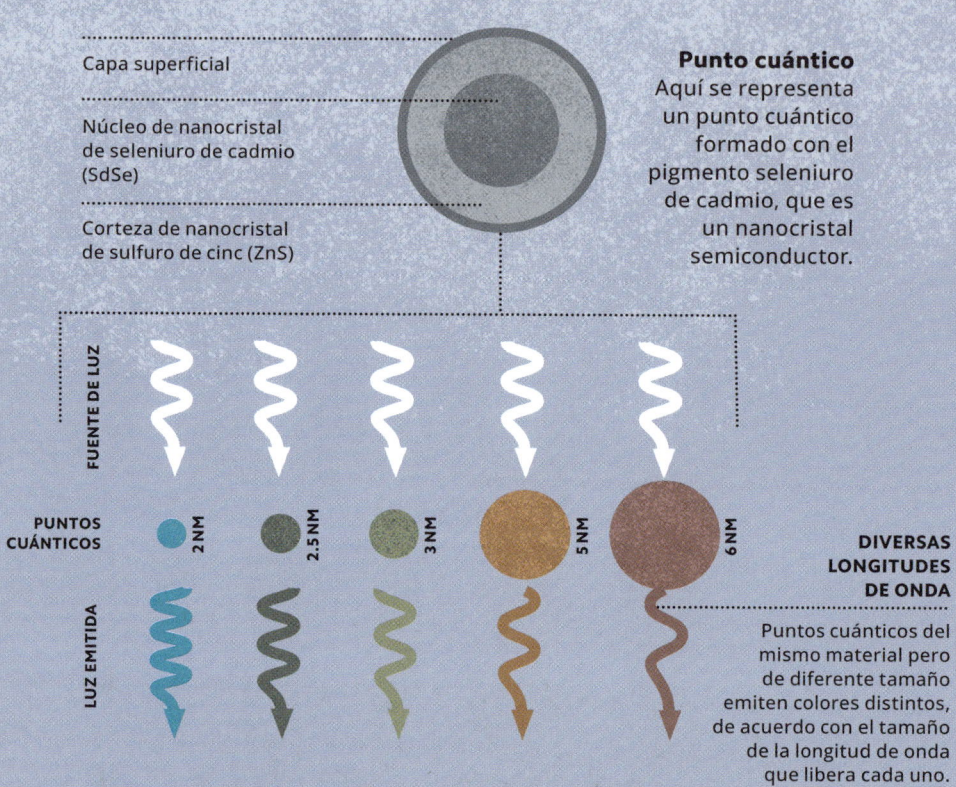

Capa superficial

Núcleo de nanocristal
de seleniuro de cadmio
(SdSe)

Corteza de nanocristal
de sulfuro de cinc (ZnS)

**Punto cuántico**
Aquí se representa
un punto cuántico
formado con el
pigmento seleniuro
de cadmio, que es
un nanocristal
semiconductor.

FUENTE DE LUZ

PUNTOS
CUÁNTICOS

2 NM

2.5 NM

3 NM

5 NM

6 NM

LUZ EMITIDA

**DIVERSAS
LONGITUDES
DE ONDA**

Puntos cuánticos del
mismo material pero
de diferente tamaño
emiten colores distintos,
de acuerdo con el tamaño
de la longitud de onda
que libera cada uno.

# CRISTALES QUE PRODUCEN COLORES

Los puntos cuánticos son cristales de nanoescala con propiedades ópticas y electrónicas particulares. Su elevada relación entre área superficial y volumen los hace luminiscentes, es decir, absorben y emiten luz. Cuando los puntos cuánticos reciben luz ultravioleta, producen luz visible de diferentes frecuencias, según el tamaño del cristal. Así, los puntos cuánticos más grandes emiten colores de baja frecuencia como el rojo o el naranja, mientras que los más pequeños brillan con colores de alta frecuencia que incluyen el azul y el violeta. Son útiles para fabricar nuevas fuentes de luz LED, láseres o dispositivos médicos de imagen.

# LA INGENIERÍA MÁS ALLÁ DE LA NATURALEZA

Los metamateriales son materiales compuestos y diseñados con propiedades nunca vistas en la naturaleza. Se construyen a partir de sustancias, como metales, plásticos o cerámicas, que se disponen en estructuras repetitivas a escalas menores que la longitud de onda de la luz incidente. Esta forma de organización les confiere características ópticas extraordinarias. Se podrían utilizar para construir una «capa de invisibilidad» que encauce la luz alrededor del objeto cubierto y lo oculte de la vista, o manipular las ondas sonoras con metamateriales acústicos de diseños especiales.

### SIN CAPA DE INVISIBILIDAD

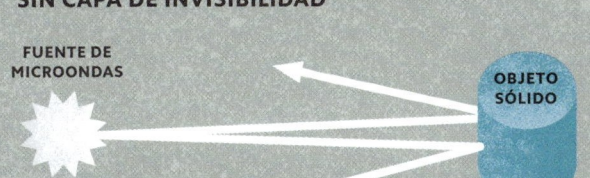

FUENTE DE MICROONDAS

OBJETO SÓLIDO

**Rebote**
Las microondas suelen rebotar en los objetos, como lo hace también la luz visible (que tiene mayor frecuencia que las microondas). Eso es lo que nos permite detectar el objeto.

### CON CAPA DE INVISIBILIDAD

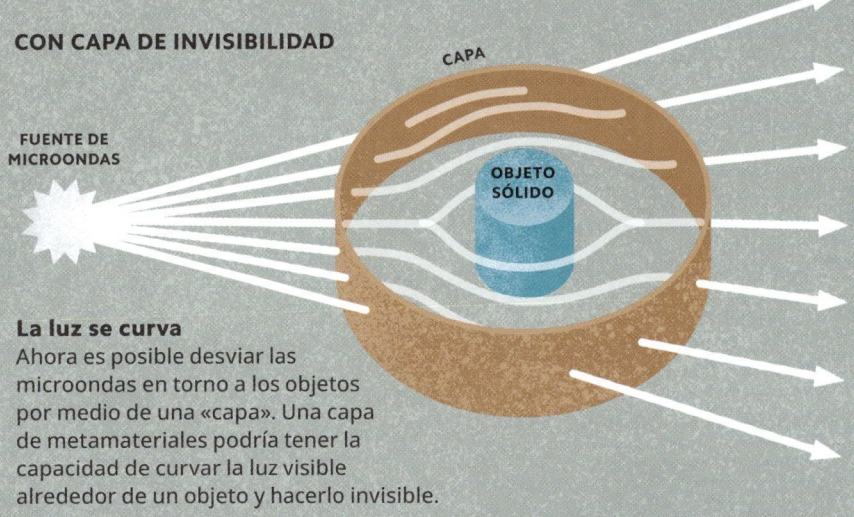

CAPA

FUENTE DE MICROONDAS

OBJETO SÓLIDO

**La luz se curva**
Ahora es posible desviar las microondas en torno a los objetos por medio de una «capa». Una capa de metamateriales podría tener la capacidad de curvar la luz visible alrededor de un objeto y hacerlo invisible.

# CONTROL DE DAÑOS

Los materiales autorreparadores tienen la habilidad casi biológica de repararse a sí mismos sin intervención humana tras sufrir daños como fracturas o cortes. Esto lo hacen de varias maneras, algunas de las cuales requieren un estímulo externo para ponerse en marcha, como puede ser luz o calor, mientras que otras no necesitan ningún otro estímulo más que el propio daño. Los polímeros son el tipo más frecuente de sustancia autorreparadora, aunque en esta categoría también hay metales, cerámicas y varios hormigones. Los materiales autorreparadores tienen el potencial de durar mucho más que los materiales convencionales y cuentan con numerosas aplicaciones, como la construcción de carreteras, edificios y satélites artificiales más resistentes.

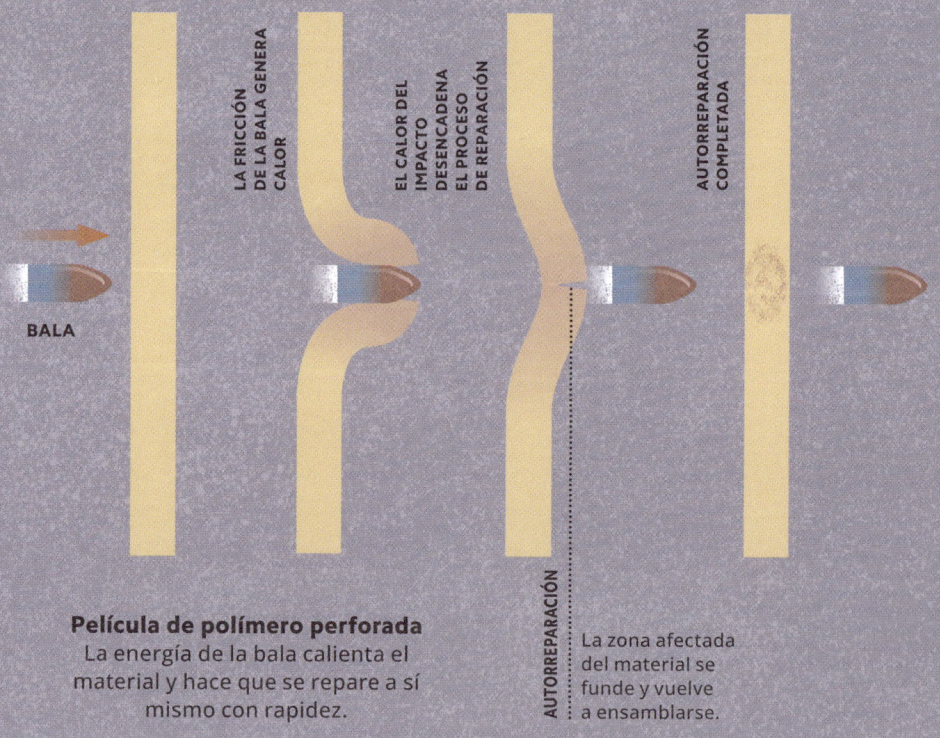

LA FRICCIÓN DE LA BALA GENERA CALOR

EL CALOR DEL IMPACTO DESENCADENA EL PROCESO DE REPARACIÓN

AUTORREPARACIÓN COMPLETADA

BALA

AUTORREPARACIÓN

**Película de polímero perforada**
La energía de la bala calienta el material y hace que se repare a sí mismo con rapidez.

La zona afectada del material se funde y vuelve a ensamblarse.

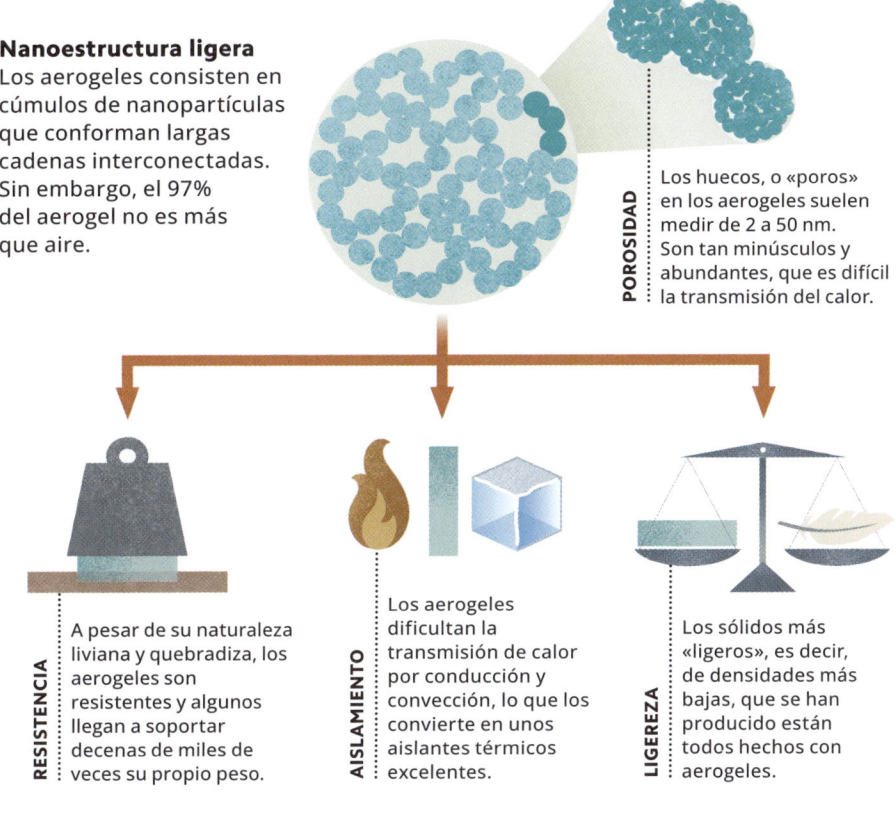

**Nanoestructura ligera**
Los aerogeles consisten en cúmulos de nanopartículas que conforman largas cadenas interconectadas. Sin embargo, el 97% del aerogel no es más que aire.

**POROSIDAD**
Los huecos, o «poros» en los aerogeles suelen medir de 2 a 50 nm. Son tan minúsculos y abundantes, que es difícil la transmisión del calor.

**RESISTENCIA**
A pesar de su naturaleza liviana y quebradiza, los aerogeles son resistentes y algunos llegan a soportar decenas de miles de veces su propio peso.

**AISLAMIENTO**
Los aerogeles dificultan la transmisión de calor por conducción y convección, lo que los convierte en unos aislantes térmicos excelentes.

**LIGEREZA**
Los sólidos más «ligeros», es decir, de densidades más bajas, que se han producido están todos hechos con aerogeles.

# LIGERO COMO UNA NUBE, FUERTE COMO EL ACERO

Los aerogeles son una categoría de materiales ultraligeros con propiedades que les dan casi el aspecto de una nube. Se llaman así porque proceden de geles en los que el líquido se sustituye por un gas como el aire, aunque se mantiene la estructura original del gel. El resultado es un sólido resistente de una densidad muy baja, muy poca conductividad térmica y otras propiedades ventajosas según el aerogel. Cuentan con multitud de aplicaciones: el aislamiento térmico (para trajes espaciales y los vehículos todoterreno de la NASA), detectores de partículas, sistemas de dosificación de medicamentos y ropa deportiva.

Las estructuras tan particulares que tienen las salamanquesas en los dedos les permiten ir casi por cualquier superficie y han inspirado estos nuevos adhesivos.

El hilo de araña es la fibra más resistente de la naturaleza. La ciencia se afana por desarrollar versiones artificiales.

Trajes de baño que imitan la piel de los tiburones, con surcos escalonados superpuestos, permiten nadar más rápido.

# INSPIRACIÓN EN LA NATURALEZA

La naturaleza ha logrado soluciones ingeniosas para problemas de todo tipo; se llama biomímesis a la rama de la tecnología que busca inspiración en el mundo natural para aplicarla en numerosos campos, entre ellos la robótica o la ciencia de materiales. Los materiales biomiméticos existen desde hace décadas (el velcro se inventó en la década de 1940 emulando semillas ganchudas), y cada año se idean materiales nuevos con propiedades útiles e insospechadas para recolectar agua tal como hacen los cactus, o nadar más rápido con trajes de baño que imitan la piel del tiburón.

**COLECTORES DE AGUA**

Hay escarabajos que usan unas alas especiales para recolectar agua del aire y esto inspira el diseño de sistemas de captación de agua.

**MATERIALES AEROESPACIALES**

Las capas de hueso y cuerno del caparazón del armadillo podrían sugerir cómo diseñar nuevos materiales resistentes para aplicaciones aeroespaciales.

**CAMUFLAJE ADAPTATIVO**

La ciencia aspira a replicar la capacidad de los cefalópodos para controlar el aspecto de su piel.

**MEMORIA DE FORMA**

**CAMBIO DE COLOR**

**AUTORREPARACIÓN**

**AUTOCARGA**

**CONTROL TÉRMICO**

**AUTOLIMPIEZA**

**Prendas adaptativas**
Los avances en campos como
la electrónica flexible (véase
p. 18) permiten diseñar
prendas de vestir con
capacidades diversas.

# COMPUTADORAS EN LA ROPA

Los tejidos inteligentes incorporan propiedades mejoradas como la capacidad para detectar el entorno y reaccionar ante el ambiente o la persona que los viste. Esto permite producir ropa más cómoda, protectora y útil o capaz de funcionar, incluso, como un dispositivo que se lleva puesto si se le añaden componentes electrónicos. Estas prendas pueden incluir tejidos que reaccionan ante la luz, la temperatura o el sonido. Hay algunas que se desinfectan solas, que «recuerdan» su forma o que recopilan en tiempo real datos acerca del cuerpo de quien los lleva, como información sobre salud o deporte.

«Los dispositivos plegables van a marcar el desarrollo [del mercado de la telefonía móvil]».
Lee Jong-min, vicepresidente de Samsung

# DISPOSITIVOS PLEGABLES

Los circuitos electrónicos suelen ser rígidos, pero si los componentes activos se montan sobre sustratos flexibles, como películas, láminas o tejidos, se pueden convertir en plegables. El diseño de las primeras células solares flexibles data de la década de 1960. Desde entonces se han producido avances tecnológicos (como en el campo de los circuitos impresos) que han aportado todo un abanico de dispositivos que se pueden combar, enrollar, retorcer, estirar y plegar. Por ejemplo, es posible llevar sobre la piel circuitos delgados y flexibles con sensores integrados que monitorizan la salud.

**VELOCIDAD**
Acceso inmediato y en tiempo real a información útil, como la velocidad del vehículo.

**ALARMAS**
El parabrisas muestra avisos y recomendaciones.

**MAPA DE LA RUTA**
Acceso sencillo a datos sobre la ruta mientras se conduce.

**Datos de conducción**
Los parabrisas son idóneos como pantallas transparentes. Proporcionan información sin que la persona que conduce tenga que apartar la vista de la carretera. Aquí se muestra un ejemplo de este tipo de pantallas.

# PANTALLAS PARA VER A SU TRAVÉS

Una pantalla transparente permite leer contenidos en ella al mismo tiempo que se ve a través de ella. Las hay de dos tipos principales: las de emisión, que producen imágenes generando luz, y las de absorción, que funcionan bloqueando luz. Se están desarrollando otros tipos, como algunas que funcionarían en cualquier superficie transparente. Las pantallas transparentes resultan muy útiles en los sistemas de realidad aumentada para ofrecer contenidos digitales en una capa que se superpone a la visión que se tiene del entorno como, por ejemplo, información en tiempo real sobre los objetos que se están viendo.

# PLÁSTICOS SIN PETRÓLEO

Los plásticos suelen hacerse con productos químicos extraídos de los combustibles fósiles mediante un proceso perjudicial para el medio ambiente. Sin embargo, ahora es posible producir plásticos a partir de biomasa renovable como el maíz, la caña de azúcar, aceites vegetales, astillas de madera o desperdicios de alimentos. Se denominan bioplásticos. Hay bioplásticos de muchos tipos, algunos de los cuales son biodegradables o incluso compostables (estos son ideales para fabricar bolsas compostables, plástico de envolver y para otros fines de usar y tirar). Pero menos del uno por ciento del plástico que se produce cada año procede de biomasa. Se espera que la investigación abarate el precio de estos materiales y mejore sus prestaciones, de manera que puedan competir con los plásticos convencionales.

## CONVERSIÓN DE MAÍZ EN PLÁSTICO

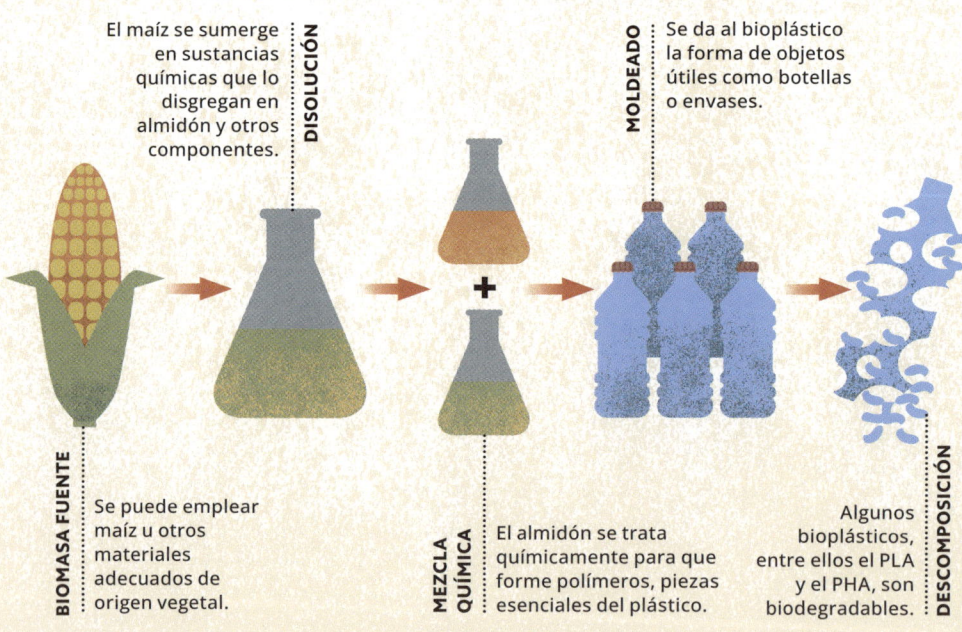

**DISOLUCIÓN**
El maíz se sumerge en sustancias químicas que lo disgregan en almidón y otros componentes.

**MOLDEADO**
Se da al bioplástico la forma de objetos útiles como botellas o envases.

**BIOMASA FUENTE**
Se puede emplear maíz u otros materiales adecuados de origen vegetal.

**MEZCLA QUÍMICA**
El almidón se trata químicamente para que forme polímeros, piezas esenciales del plástico.

**DESCOMPOSICIÓN**
Algunos bioplásticos, entre ellos el PLA y el PHA, son biodegradables.

# ENZIMAS DEVORADORAS DE PLÁSTICO

La contaminación por plásticos amenaza el medio ambiente y la salud pública. La ciencia trata de encontrar vías para descomponer antes el plástico. Una botella de tereftalato de polietileno (PET) tarda unos 450 años en descomponerse. Una de las posibilidades consiste en diseñar bacterias que «se coman» la basura plástica. Hay bacterias capaces de degradar el plástico en sustancias inocuas como, por ejemplo, *Ideonella sakaiensis,* que ha desarrollado la habilidad de descomponer el PET por medio de las enzimas PETasa y MHETasa. Se confía en que la ingeniería genética (véase p. 34) aproveche esas propiedades para descomponer plásticos a un ritmo que resulte útil.

**DISEÑO DE BACTERIAS DEVORADORAS DE PLÁSTICO**

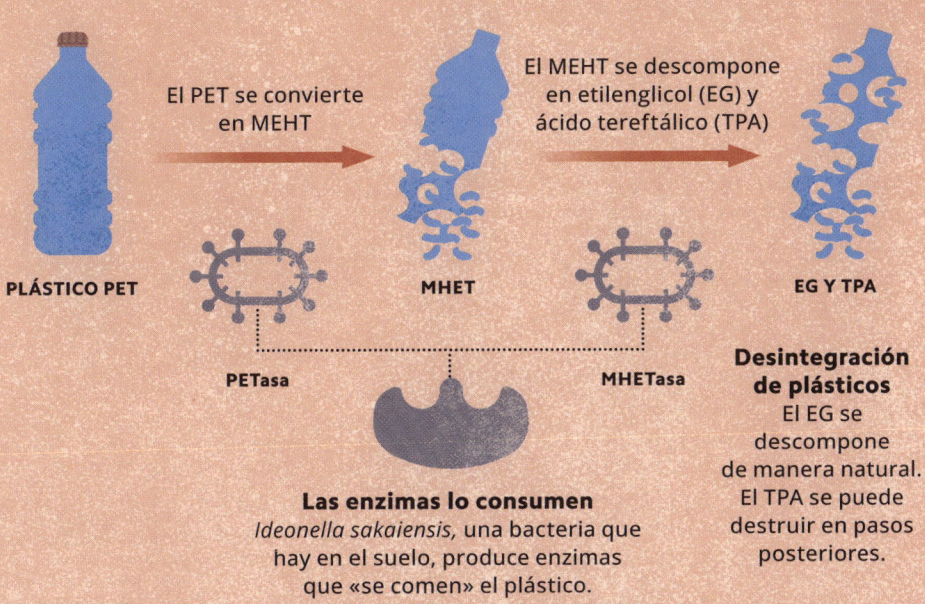

**PLÁSTICO PET**

El PET se convierte en MEHT

**MHET**

El MEHT se descompone en etilenglicol (EG) y ácido tereftálico (TPA)

**EG Y TPA**

PETasa

MHETasa

**Las enzimas lo consumen**
*Ideonella sakaiensis,* una bacteria que hay en el suelo, produce enzimas que «se comen» el plástico.

**Desintegración de plásticos**
El EG se descompone de manera natural. El TPA se puede destruir en pasos posteriores.

# IMPRIMIRLO TODO

La fabricación aditiva, o impresión 3D, comprende una variedad de procesos diferentes que construyen objetos tridimensionales a partir de modelos digitales empleando una máquina controlada por computadora llamada impresora 3D. Esta técnica reduce los costes de fabricación y permite adaptar mejor los productos a las necesidades, a la vez que produce con gran precisión objetos de formas complejas. Se investiga en la producción de objetos de muchos tipos, incluso alimentos (véase p. 55), implantes médicos personalizados o tejidos vivos (véase p. 39).

**BOBINA**

**CABEZAL CALENTADOR Y TOBERA**

**OBJETO IMPRESO**

### Extrusión
El filamento de la bobina (normalmente, plástico) se funde en un cabezal y se proyecta con una tobera sobre una superficie.

**PLEGADO DEL OBJETO**

### Objeto bidimensional
Primero se imprime un objeto plano. Su estructura contiene toda una trama de materiales con propiedades distintas. Es fácil de almacenar y transportar.

### Aplicación de agua y calor
El objeto plano se sumerge en agua caliente. Sus materiales responden de manera diferente al calor y la humedad, y el objeto se pliega.

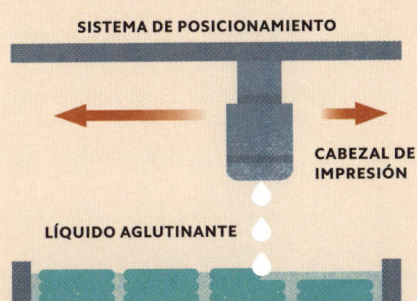

SISTEMA DE POSICIONAMIENTO

CABEZAL DE
IMPRESIÓN

LÍQUIDO AGLUTINANTE

MATERIAL GRANULADO

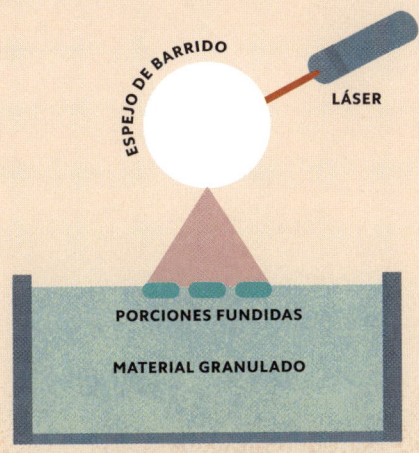

ESPEJO DE BARRIDO

LÁSER

PORCIONES FUNDIDAS

MATERIAL GRANULADO

### Chorro aglutinante

El cabezal de impresión
deposita un agente líquido
aglutinante sobre capas
sucesivas de material granulado
hasta que construye el objeto.

### Sinterización por láser

Un espejo dirige un potente haz
de luz láser hacia el granulado,
que se funde y conforma una
masa sólida.

### La silla toma forma

El material está «programado»
para dejar de plegarse cuando ha
adoptado la forma de una silla.
Este método permite producir
objetos de cualquier forma
y tamaño.

# PAPIROFLEXIA DEFINITIVA

La impresión 4D, o papiroflexia activa,
consiste en producir mediante fabricación
aditiva objetos tridimensionales «vivos», que
cambian de forma ante estímulos externos
como el calor o la luz. Esto se consigue
disponiendo distintos materiales en el interior
del objeto, cada uno de los cuales responde
de manera diferente al mismo estímulo. Por
ejemplo, algunas partes se dilatan en
presencia de agua. Entre sus aplicaciones se
cuentan las tuberías adaptativas que cambian
de diámetro o la producción de objetos que
se autoensamblan.

# BIOTECN

# OLOGÍA

**Avances espectaculares** en biotecnología están transformando muchos campos de la actividad humana, sobre todo en sanidad. La bioimpresión está convirtiendo en una posibilidad real la fabricación de órganos humanos. La medicina de nanoescala brinda una mayor precisión y limita los efectos secundarios indeseados, y los dispositivos experimentales para el laboratorio se han reducido hasta el tamaño de un sello de correos, lo que permite efectuar pruebas junto a la cama del paciente y obtener resultados instantáneos. La ciencia ya es capaz de usar la ingeniería celular para curar partes del cuerpo enfermas o dañadas, en tanto que la ingeniería genética interviene en el tratamiento de afecciones agudas o, también, en la recuperación de especies extintas.

# CÓDIGOS GENÉTICOS DESCIFRADOS

La genética se ocupa de los genes individuales (véase p. siguiente). La genómica, en cambio, estudia el conjunto completo de los genes que conforman un organismo: su genoma. La comunidad científica ha secuenciado la totalidad del genoma humano (ha determinado el orden de sus miles de millones de nucleótidos, los componentes esenciales del ARN y el ADN), así como el de muchos otros organismos, lo que ha llevado a muchos avances en biología y medicina. Por ejemplo partes del genoma vinculadas a rasgos deseables se pueden utilizar para crear variedades útiles de otros organismos, como cultivos resistentes a la sequía (véase p. 50).

**La visión panorámica**
La genómica recurre a la tecnología de secuenciación de genes para estudiar la relación entre los genes entre sí y con el entorno. Esto sirve para comprender cómo influyen estos factores en el desarrollo de los organismos o cómo contribuyen a la aparición de enfermedades.

**En detalle**
La genética revela que genes concretos pueden transferir rasgos y enfermedades a generaciones posteriores.

GEN CONCRETO EN UN CROMOSOMA

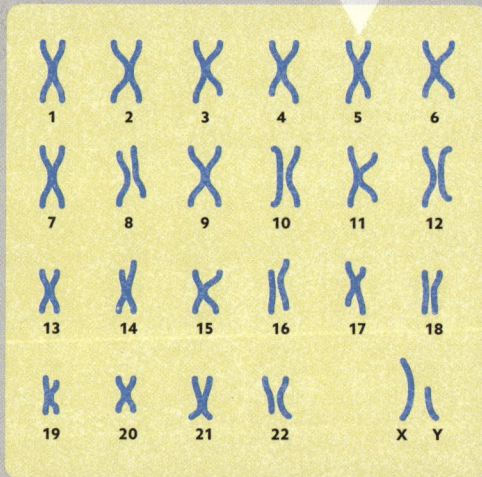

INTERACCIONES ENTRE GENES EN UN CONJUNTO COMPLETO DE CROMOSOMAS

 + 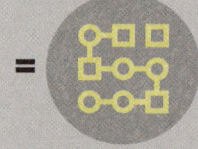 =

**ESTILO DE VIDA Y FACTORES AMBIENTALES**

**PATRONES COMPLEJOS DE UNA ENFERMEDAD, COMO DESÓRDENES CARDIOVASCULARES O DIABETES**

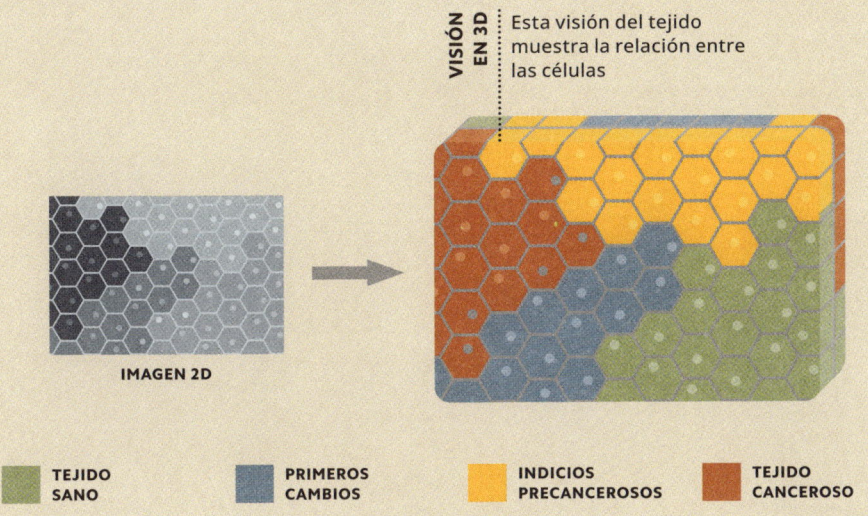

**VISIÓN EN 3D** Esta visión del tejido muestra la relación entre las células

IMAGEN 2D

TEJIDO SANO

PRIMEROS CAMBIOS

INDICIOS PRECANCEROSOS

TEJIDO CANCEROSO

**Mapa del tejido**
La biología espacial genera modelos tridimensionales muy detallados de los tejidos, lo que permite identificar el tejido enfermo y detectar cambios tempranos en las células circundantes.

# PAISAJES BIOLÓGICOS

Los sistemas biológicos consisten en redes tridimensionales intrincadas que ahora pueden estudiarse con los mapas 3D que produce la biología espacial. Esta combina la secuenciación genómica avanzada con técnicas de imagen como la inmunofluorescencia (que emplea tintes fluorescentes para tornar visibles los rasgos de interés) con el fin de modelar la organización de células de millones de tipos distintos en el seno del tejido. Esto permite estudiar células, proteínas y otros factores en varias dimensiones dentro del contexto de sus complejos paisajes biológicos. El nivel de detalle alcanzado permite logros sin precedentes como, por ejemplo, revelar la actividad de las células dentro de tumores (véase más arriba).

# SANIDAD A MEDIDA

El riesgo de que una persona desarrolle una enfermedad concreta o de que no responda bien a un tratamiento se puede predecir en cierta medida a partir de la secuencia de ADN en su genoma. El estudio de los vínculos entre la genómica (que incluye la investigación de biomarcadores genéticos) y la enfermedad ayuda a tomar medidas de prevención y de tratamiento personalizadas. El número de personas de las que se ha secuenciado el genoma ha ido creciendo desde una a finales del siglo XX hasta decenas de millones en la década de 2020, y se prevé que la medicina personalizada revolucione las ciencias de la salud en años venideros.

**Detectar las diferencias**
La identificación de una mutación genética específica (véase p.36) unida a información sobre el estilo de vida del paciente revelan qué tratamiento tiene más probabilidad de éxito.

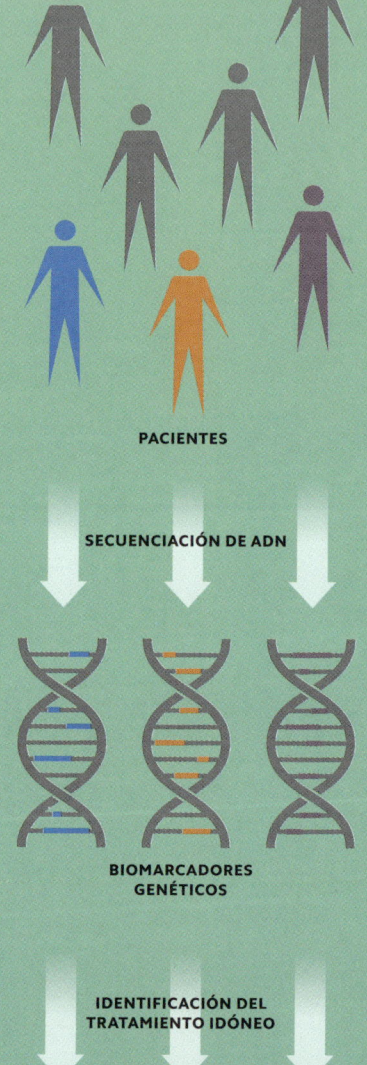

PACIENTES

SECUENCIACIÓN DE ADN

BIOMARCADORES GENÉTICOS

IDENTIFICACIÓN DEL TRATAMIENTO IDÓNEO

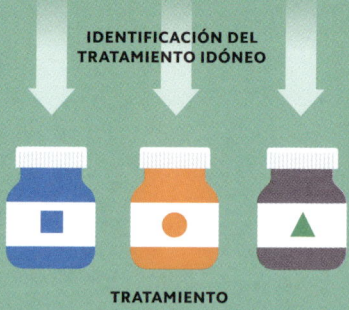

TRATAMIENTO PERSONALIZADO

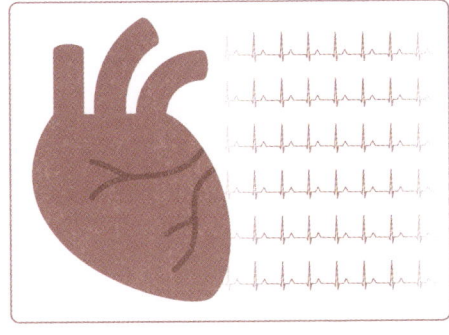

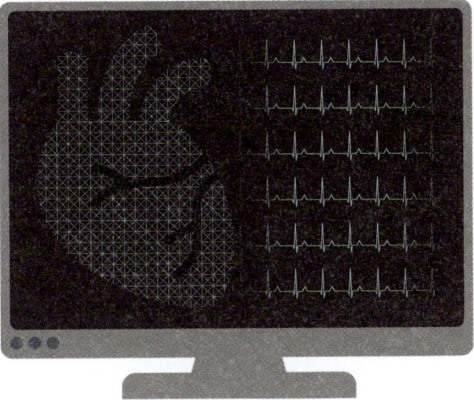

CORAZÓN ORIGINAL

GEMELO DIGITAL

### Un modelo del corazón

Programas de simulación predicen los resultados que se obtendrían si se tomaran imágenes de diagnóstico mediante tomografía computarizada (TC, véase p. 39) o con un escáner de resonancia magnética (RMN), así como análisis moleculares o relaciones de síntomas. A partir de todo ello se crea un gemelo digital del corazón del paciente.

# VIRTUALMENTE IGUALES

Se utilizan representaciones digitales, o gemelos, de objetos físicos para simular su comportamiento real. El gemelo digital de un órgano como el corazón se genera aportando información actualizada del corazón de un individuo vivo. El gemelo revela qué aspectos funcionan mal y qué tratamientos tienen más posibilidades de resolver el problema. En el caso de las afecciones cardiovasculares (como la arritmia) los gemelos digitales mejoran la clasificación de pacientes con la misma enfermedad y, mediante el empleo de múltiples variables clínicas, de imagen, moleculares y de otros tipos, sirven de guía en el proceso de diagnóstico y tratamiento.

# CHEQUEO MÉDICO CON IA

La inteligencia artificial (IA) tiene el potencial de incrementar la precisión y la velocidad de los diagnósticos médicos, lo que permite dedicar más tiempo a atender al paciente. La IA es capaz de procesar grandes cantidades de datos como electrocardiogramas, medidas del pulso, historiales médicos o información demográfica. Todo ello se utiliza para obtener una visión más completa del paciente que ayude a identificar riesgos, prevenir enfermedades, diagnosticar afecciones con anticipación y reducir los diagnósticos erróneos. La precisión y la capacidad para identificar biomarcadores en fases tempranas puede facilitar tratamientos personalizados para tratar el cáncer, por ejemplo.

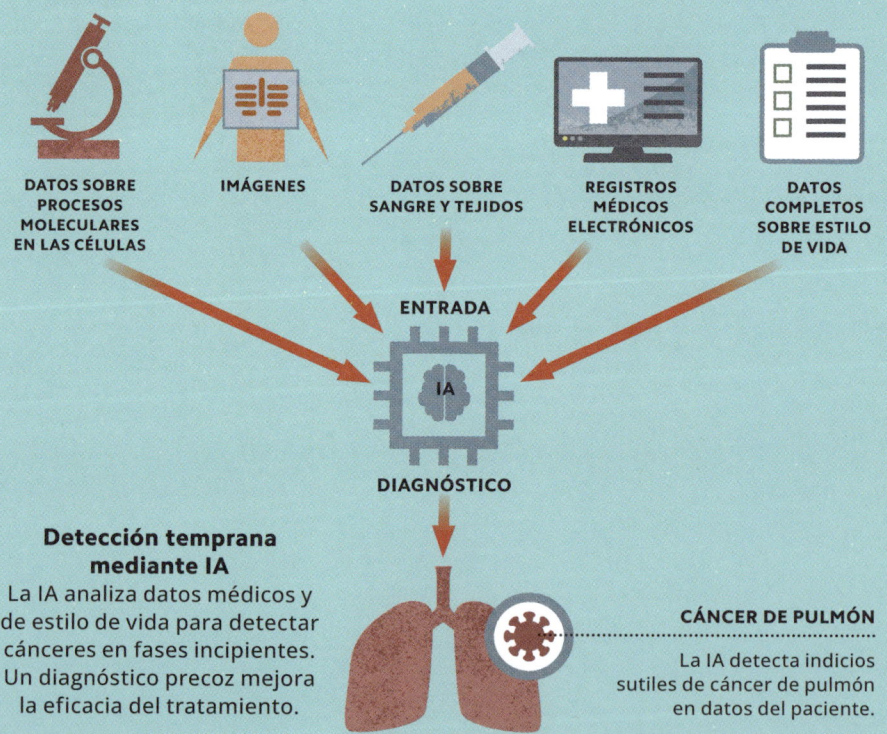

DATOS SOBRE PROCESOS MOLECULARES EN LAS CÉLULAS

IMÁGENES

DATOS SOBRE SANGRE Y TEJIDOS

REGISTROS MÉDICOS ELECTRÓNICOS

DATOS COMPLETOS SOBRE ESTILO DE VIDA

ENTRADA

IA

DIAGNÓSTICO

**Detección temprana mediante IA**
La IA analiza datos médicos y de estilo de vida para detectar cánceres en fases incipientes. Un diagnóstico precoz mejora la eficacia del tratamiento.

**CÁNCER DE PULMÓN**
La IA detecta indicios sutiles de cáncer de pulmón en datos del paciente.

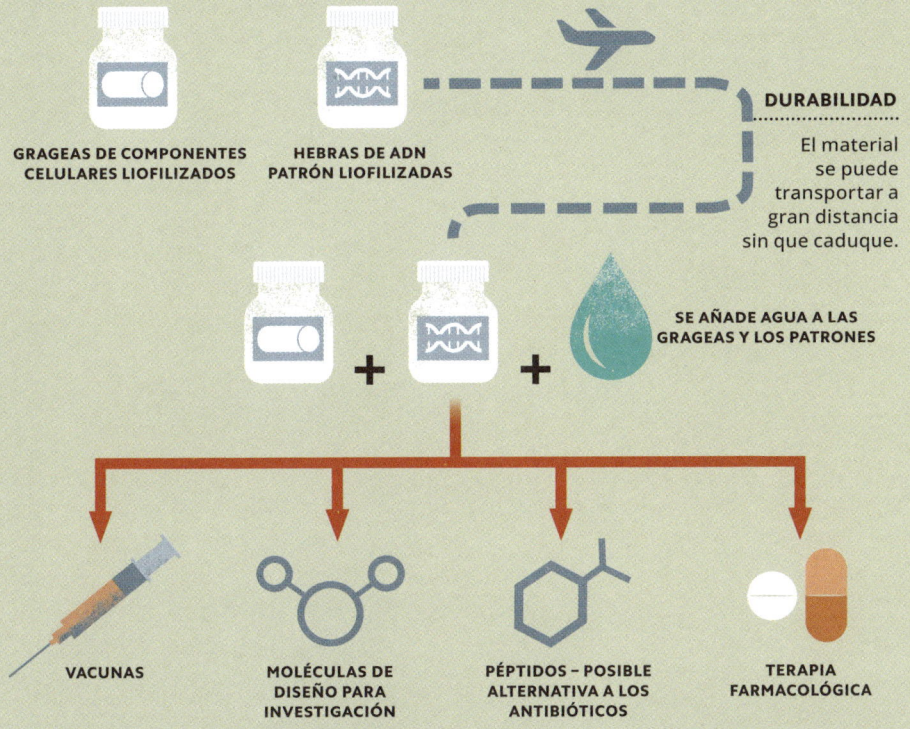

**GRAGEAS DE COMPONENTES CELULARES LIOFILIZADOS**

**HEBRAS DE ADN PATRÓN LIOFILIZADAS**

**DURABILIDAD**

El material se puede transportar a gran distancia sin que caduque.

**+** **+**

**SE AÑADE AGUA A LAS GRAGEAS Y LOS PATRONES**

**VACUNAS**

**MOLÉCULAS DE DISEÑO PARA INVESTIGACIÓN**

**PÉPTIDOS – POSIBLE ALTERNATIVA A LOS ANTIBIÓTICOS**

**TERAPIA FARMACOLÓGICA**

# MEDICINA INSTANTÁNEA

Crece la demanda de productos biofarmacéuticos, medicamentos o vacunas elaborados a partir de células u organismos vivos. Los medicamentos que contienen ADN se deben conservar a -80 ºC, pero con frecuencia hay que utilizarlos muy lejos de los congeladores de los laboratorios. La liofilización (deshidratación mediante frío) permite su transporte y almacenamiento seguros. Es posible liofilizar por separado componentes celulares y patrones de ADN para formar grageas que se mantienen estables mucho tiempo y que se pueden transportar a lugares con pocos recursos o a zonas de guerra, por ejemplo. Allí se rehidratan y se utilizan para producir medicamentos bajo demanda, vacunas y otros tratamientos.

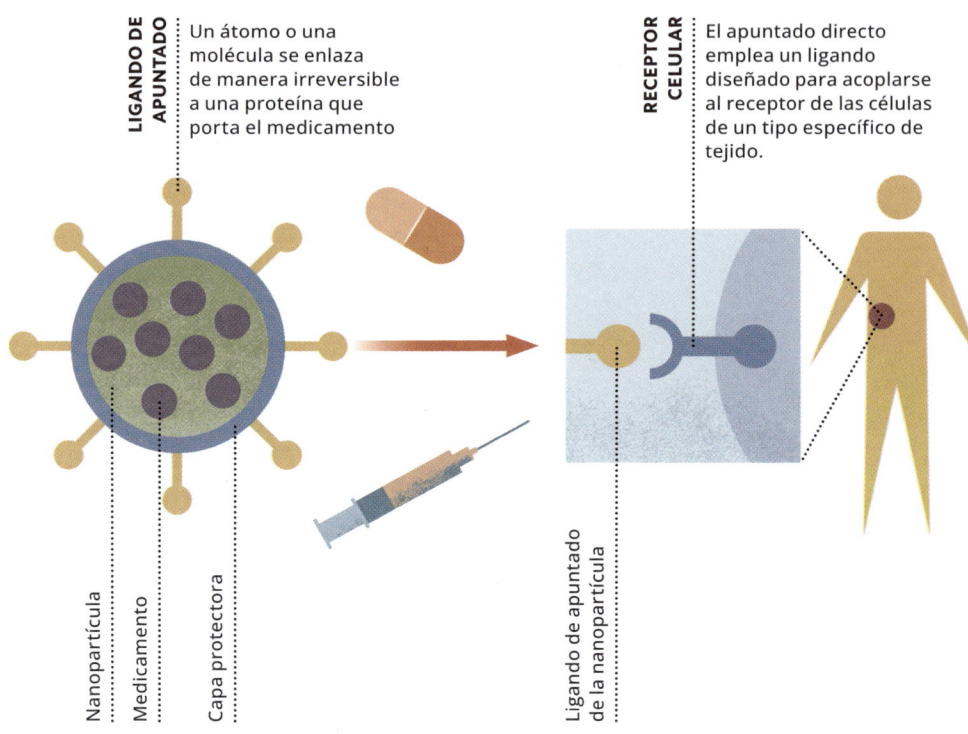

**LIGANDO DE APUNTADO**
Un átomo o una molécula se enlaza de manera irreversible a una proteína que porta el medicamento

**RECEPTOR CELULAR**
El apuntado directo emplea un ligando diseñado para acoplarse al receptor de las células de un tipo específico de tejido.

Nanopartícula

Medicamento

Capa protectora

Ligando de apuntado de la nanopartícula

# MEDICINA EN MINIATURA

La nanomedicina recurre a nanomateriales (nanopartículas) con diámetros de 1 a 100 nm. Las nanopartículas no responden por sí solas al entorno ni se orientan hacia lugares específicos, a diferencia de los micro y nanobots (véase p. 116). En su lugar, la nanomedicina emplea ligandos (átomos o moléculas) que apuntan hacia células específicas y se acoplan a ellas. El tamaño de las nanopartículas y su superficie relativamente grande van asociados a su gran eficacia terapéutica, lo que exige cantidades menores de medicamento y reduce los efectos secundarios. Las nanopartículas se utilizan también para diagnosticar, monitorizar y prevenir enfermedades.

# DIAGNÓSTICO INSTANTÁNEO

El laboratorio en un chip consiste en una plataforma no mayor que un portaobjetos de microscopio, por lo común de 19.5 cm². La plataforma dispone de microcanales que conducen una muestra fluida a través de operaciones que efectúan múltiples análisis simultáneos con células individuales o a partir de muestras formadas por una sola gota. Estas pruebas se pueden realizar junto a la cama del paciente. El sistema incorpora bombas integradas y, como cualquier laboratorio, incluye válvulas, reactivos y electrónica.

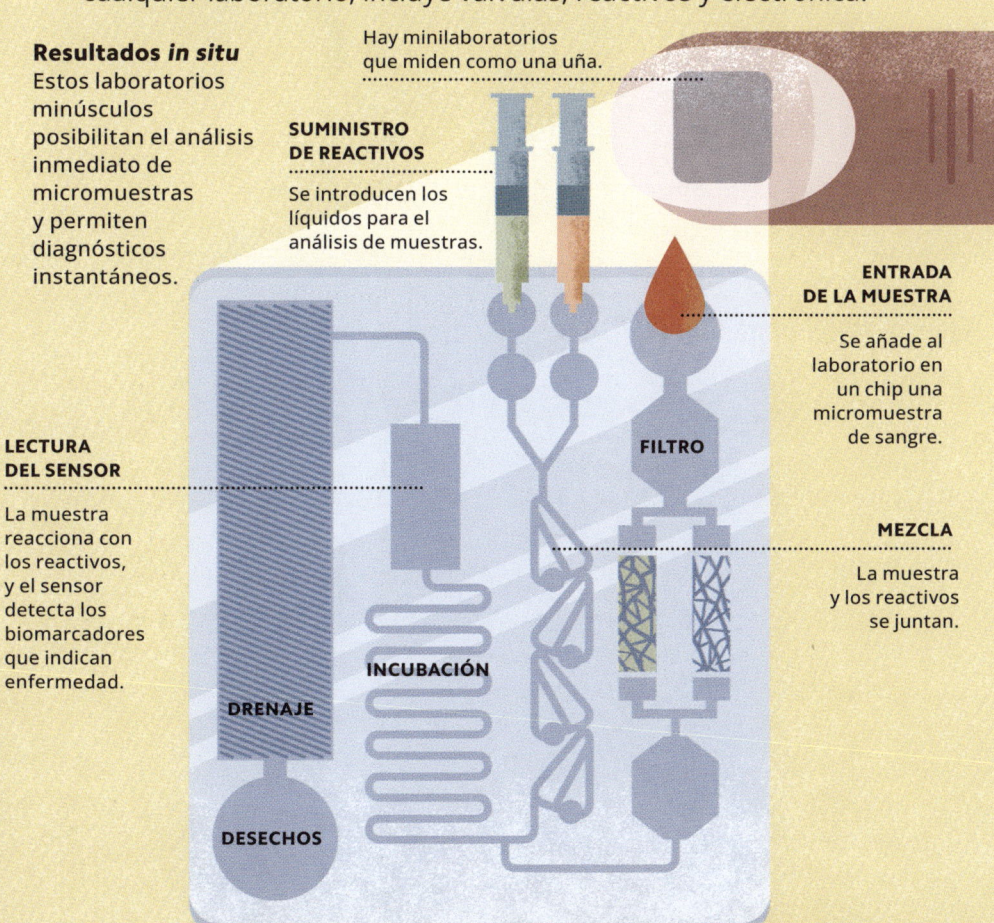

**Resultados *in situ***
Estos laboratorios minúsculos posibilitan el análisis inmediato de micromuestras y permiten diagnósticos instantáneos.

Hay minilaboratorios que miden como una uña.

**SUMINISTRO DE REACTIVOS**

Se introducen los líquidos para el análisis de muestras.

**ENTRADA DE LA MUESTRA**

Se añade al laboratorio en un chip una micromuestra de sangre.

**LECTURA DEL SENSOR**

La muestra reacciona con los reactivos, y el sensor detecta los biomarcadores que indican enfermedad.

**FILTRO**

**MEZCLA**

La muestra y los reactivos se juntan.

**INCUBACIÓN**

**DRENAJE**

**DESECHOS**

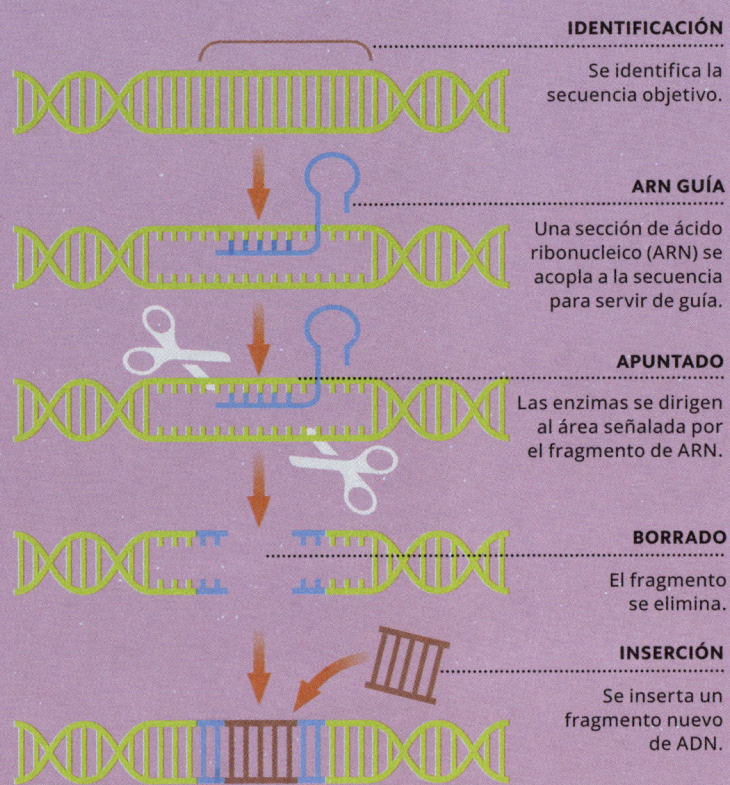

**IDENTIFICACIÓN**

Se identifica la
secuencia objetivo.

**ARN GUÍA**

Una sección de ácido
ribonucleico (ARN) se
acopla a la secuencia
para servir de guía.

**APUNTADO**

Las enzimas se dirigen
al área señalada por
el fragmento de ARN.

**BORRADO**

El fragmento
se elimina.

**INSERCIÓN**

Se inserta un
fragmento nuevo
de ADN.

# ADN DE CORTA Y PEGA

Es posible manipular secuencias genéticas insertando o eliminando
segmentos de ácido desoxirribonucleico (ADN). Esto permite retirar
o modificar un gen defectuoso o insertar en un organismo un gen
procedente de otra especie. Esta tecnología de modificación genética
se utiliza en agricultura para mejorar la resistencia a herbicidas y
pesticidas o para intensificar la producción de determinados nutrientes.
La ingeniería genética se usa también en el desarrollo de
microorganismos que producen insulina para tratar la diabetes
o proteínas de coagulación sanguínea para tratar la hemofilia.
La herramienta de modificación de genes CRISPR-Cas9 reconoce
y secciona secuencias específicas de ADN, y ha mejorado la eficiencia,
el coste y la precisión de la terapia genética (véase p. 36).

# MEJORAR LA NATURALEZA

La biología sintética implica rediseñar organismos para que ejecuten funciones que no efectúan en la naturaleza y que pueden resultar beneficiosas para diversas industrias. A diferencia de la modificación genética, que efectúa cambios pequeños en el ADN, ahora se altera todo el código genético del organismo al insertarle fragmentos largos de ADN sintético o procedente de otras especies. De este modo se han obtenido bacterias que producen medicamentos o gusanos de seda que fabrican un producto más resistente.

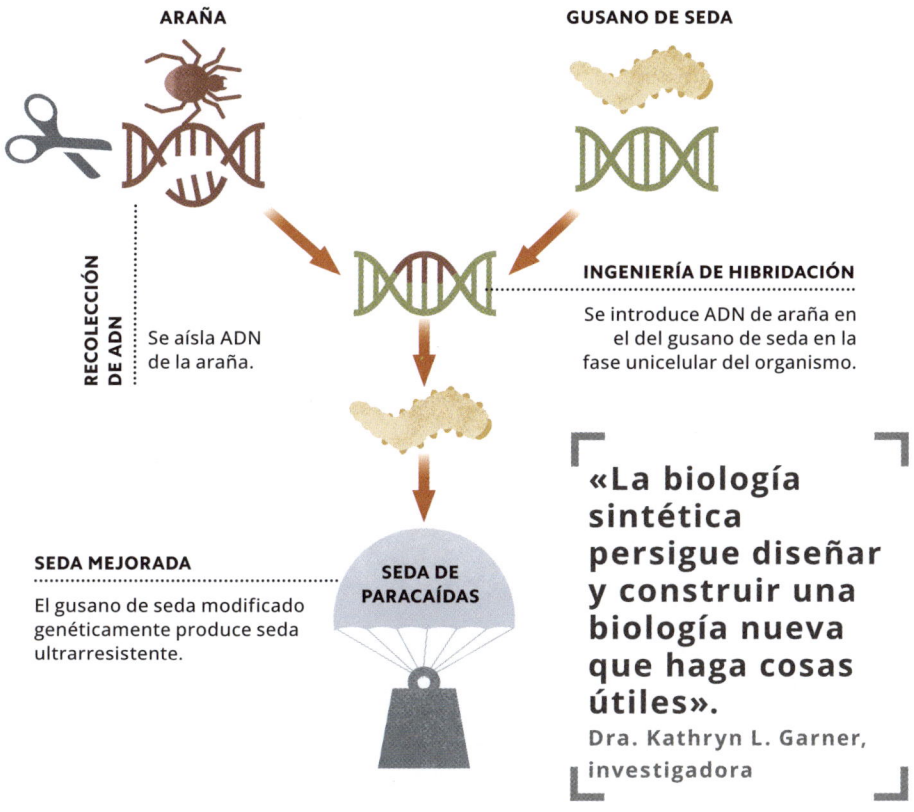

**ARAÑA**

**GUSANO DE SEDA**

**RECOLECCIÓN DE ADN**

Se aísla ADN de la araña.

**INGENIERÍA DE HIBRIDACIÓN**

Se introduce ADN de araña en el del gusano de seda en la fase unicelular del organismo.

**SEDA MEJORADA**

El gusano de seda modificado genéticamente produce seda ultrarresistente.

**SEDA DE PARACAÍDAS**

«La biología sintética persigue diseñar y construir una biología nueva que haga cosas útiles».

Dra. Kathryn L. Garner, investigadora

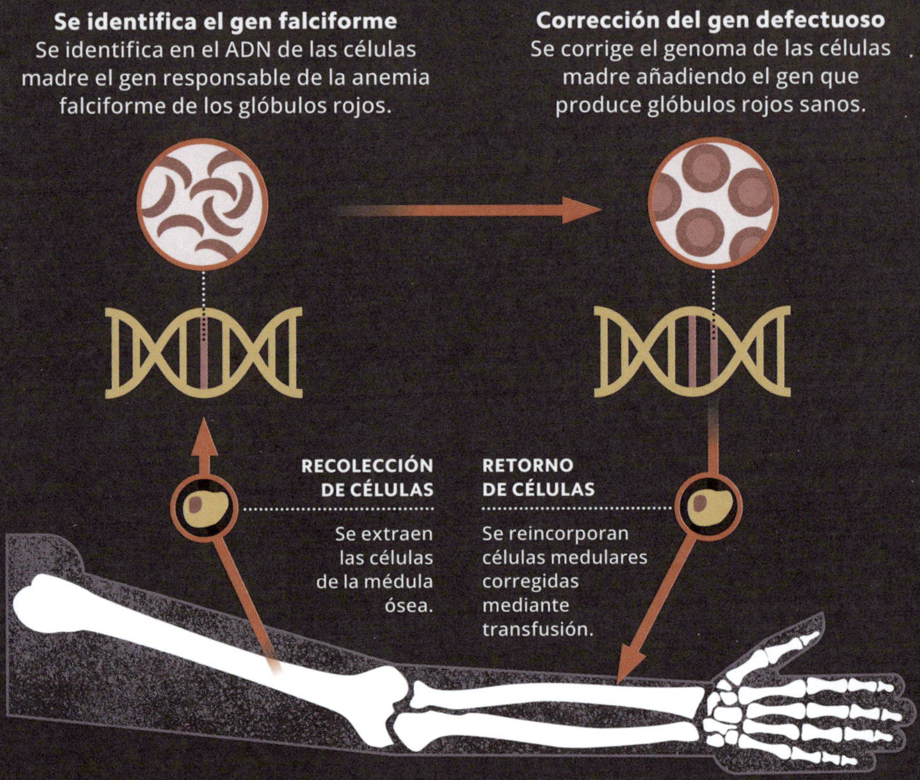

**Se identifica el gen falciforme**
Se identifica en el ADN de las células madre el gen responsable de la anemia falciforme de los glóbulos rojos.

**Corrección del gen defectuoso**
Se corrige el genoma de las células madre añadiendo el gen que produce glóbulos rojos sanos.

**RECOLECCIÓN DE CÉLULAS**
Se extraen las células de la médula ósea.

**RETORNO DE CÉLULAS**
Se reincorporan células medulares corregidas mediante transfusión.

# CORTAR Y CAMBIAR

Ya se ha hecho realidad la posibilidad de tratar disfunciones genéticas transfiriendo material genético a las células. Ahora es posible reemplazar o desactivar genes que causan enfermedades o añadir genes modificados a las células del paciente por medio de diversos portadores o vectores. La médula ósea es una rica fuente de células madre que se pueden recolectar del paciente para proporcionarles un gen sano o corregido. Por ejemplo, es posible retirar células madre de la médula ósea de un paciente que sufre anemia falciforme y reemplazar el gen que causa esta enfermedad de la hemoglobina, para luego transfundir las células corregidas al torrente sanguíneo de la persona.

# INGENIERÍA CELULAR

La terapia celular se utiliza para frenar o revertir enfermedades y para reparar órganos dañados. El proceso involucra células madre, que pueden diferenciarse y producir casi cualquier tipo de célula del organismo, pero también células diseñadas fuera del cuerpo. Se pueden retirar células T de un paciente de cáncer (glóbulos blancos que forman parte del sistema inmunitario) y modificarlas para que se conviertan en glóbulos T receptores del antígeno quimérico (CAR). Los leucocitos T CAR reintroducidos en el torrente sanguíneo son capaces de identificar las proteínas específicas de las células cancerosas y las destruyen.

**Terapia con glóbulos T CAR**
Se toman leucocitos T del paciente, se modifican para que ataquen células cancerosas y se reintroducen.

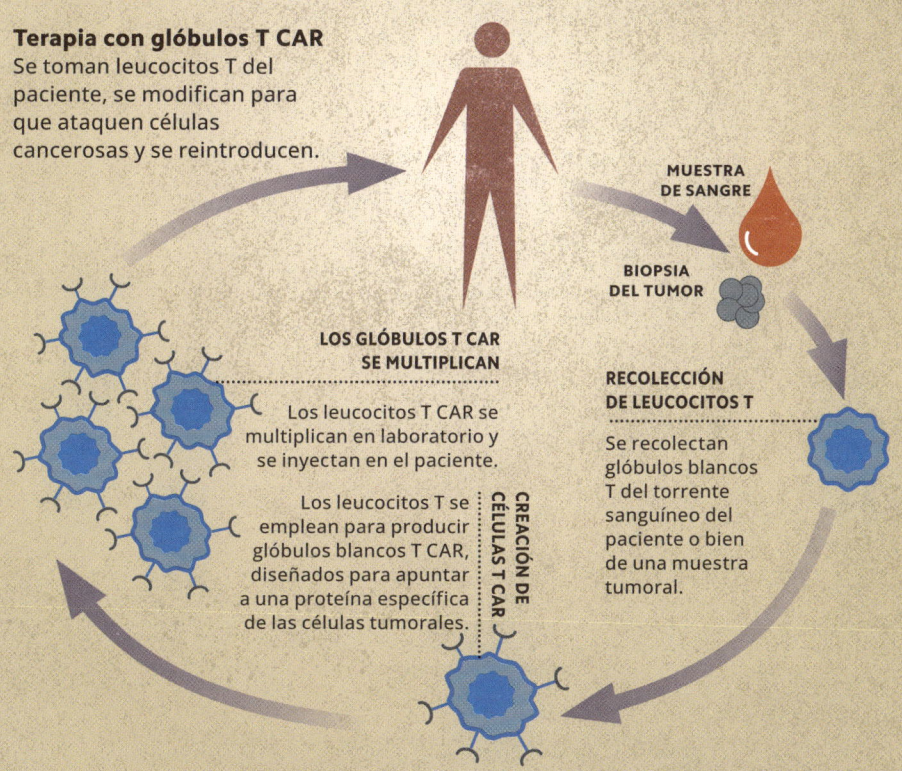

**MUESTRA DE SANGRE**

**BIOPSIA DEL TUMOR**

**LOS GLÓBULOS T CAR SE MULTIPLICAN**

Los leucocitos T CAR se multiplican en laboratorio y se inyectan en el paciente.

**RECOLECCIÓN DE LEUCOCITOS T**

Se recolectan glóbulos blancos T del torrente sanguíneo del paciente o bien de una muestra tumoral.

**CREACIÓN DE CÉLULAS T CAR**

Los leucocitos T se emplean para producir glóbulos blancos T CAR, diseñados para apuntar a una proteína específica de las células tumorales.

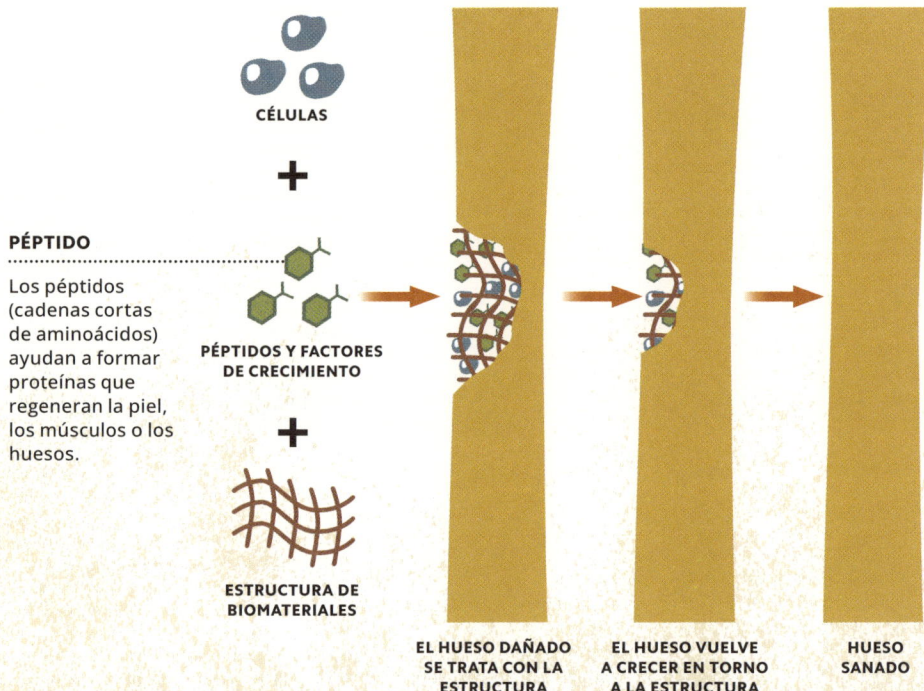

CÉLULAS

+

## PÉPTIDO

Los péptidos
(cadenas cortas
de aminoácidos)
ayudan a formar
proteínas que
regeneran la piel,
los músculos o los
huesos.

PÉPTIDOS Y FACTORES
DE CRECIMIENTO

+

ESTRUCTURA DE
BIOMATERIALES

EL HUESO DAÑADO
SE TRATA CON LA
ESTRUCTURA

EL HUESO VUELVE
A CRECER EN TORNO
A LA ESTRUCTURA

HUESO
SANADO

# RECUPERACIÓN ESTRUCTURADA

La ingeniería de tejidos ayuda a las células del paciente a crecer
alrededor de una zona dañada o enferma gracias a una estructura
compuesta de materiales biodegradables o reabsorbibles. A la
estructura se le aportan células, entre ellas células madre, así como
factores de crecimiento para que se forme y desarrolle tejido nuevo.
La ingeniería de tejidos evita la necesidad de trasplantes con donante.
Entre los tejidos susceptibles de este tratamiento se encuentran los
huesos, la piel, los cartílagos y el corazón. Esta tecnología ha
permitido la regeneración de cartílagos en una rodilla enferma.
También se han creado injertos óseos a partir de células óseas
(osteoblastos) cultivadas en laboratorio junto con factores de
crecimiento y estructuras de biomateriales.

# PARTES DEL CUERPO A MEDIDA

Es posible crear tejidos con una impresora 3D con células y biomateriales en lugar de tinta o plástico. La impresora sigue instrucciones extraídas del análisis de tejidos reales mediante tomografía computarizada (CT, que combina una serie de imágenes de rayos X) y resonancia magnética. Los tejidos resultantes se imprimen desde abajo hacia arriba mediante una combinación de células, una sustancia matriz y nutrientes llamada «biotinta». Los tejidos impresos en 3D son una mejor alternativa en comparación con células cultivadas en placas de Petri. Su objetivo final es obtener órganos listos para el trasplante.

**BIOTINTA**

La tinta usada en el proceso de bioimpresión consiste en una mezcla de células (en este caso, de músculo cardiaco), sustancia matriz y nutrientes.

**ESTRUCTURA TRIDIMENSIONAL**

Las biotintas se emplean en la impresión 3D para producir tejidos de ingeniería que sirven para probar medicamentos, modelar enfermedades o trasplantes in vitro.

# ÚTEROS ARTIFICIALES

Los pronósticos de partos extremadamente prematuros mejorarían si se recreara el entorno en el que se desarrolla un bebé antes de nacer. Ya se han transferido fetos de cordero a bolsas esterilizadas que funcionan como úteros artificiales. Para ello es necesario que el corazón fetal haya alcanzado un nivel de desarrollo que le permita bombear sangre por sí solo. Un fluido que simula el líquido amniótico (la sustancia que envuelve el feto) se bombea dentro y fuera de la bolsa. La placenta se sustituye por un «oxigenador» que se conecta al feto a través del cordón umbilical. El corazón del feto bombea sangre y sustancias de desecho hacia la placenta, de donde retorna sangre oxigenada y con nutrientes.

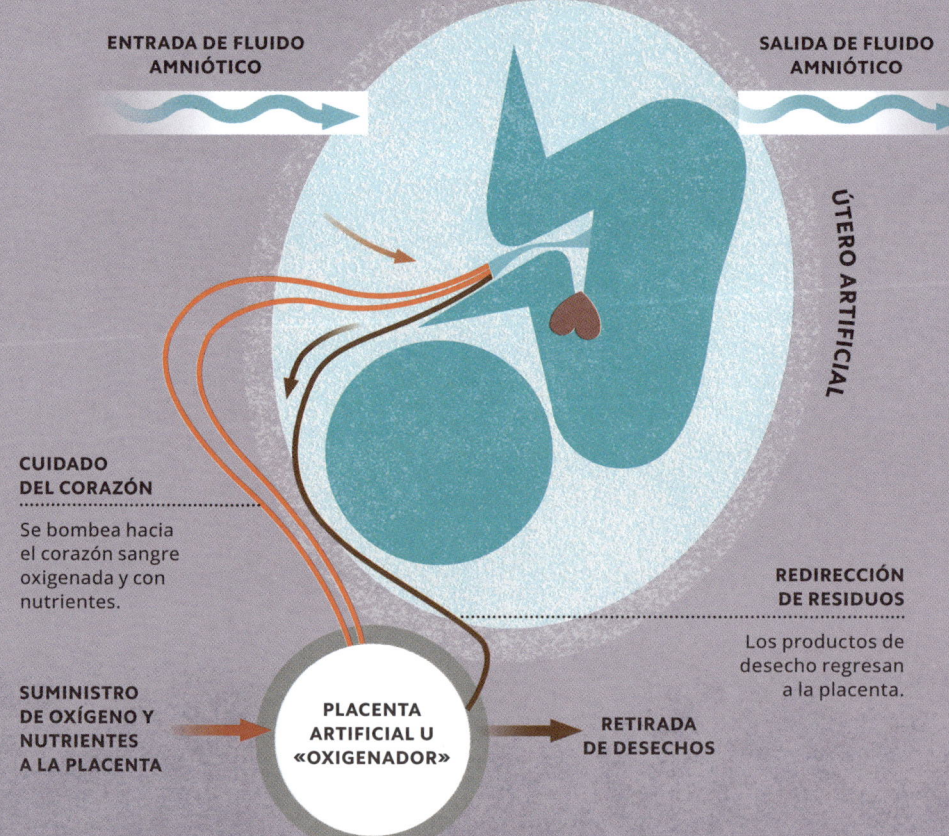

ENTRADA DE FLUIDO
AMNIÓTICO

SALIDA DE FLUIDO
AMNIÓTICO

ÚTERO ARTIFICIAL

**CUIDADO
DEL CORAZÓN**

Se bombea hacia
el corazón sangre
oxigenada y con
nutrientes.

**REDIRECCIÓN
DE RESIDUOS**

Los productos de
desecho regresan
a la placenta.

**SUMINISTRO
DE OXÍGENO Y
NUTRIENTES
A LA PLACENTA**

**PLACENTA
ARTIFICIAL U
«OXIGENADOR»**

**RETIRADA
DE DESECHOS**

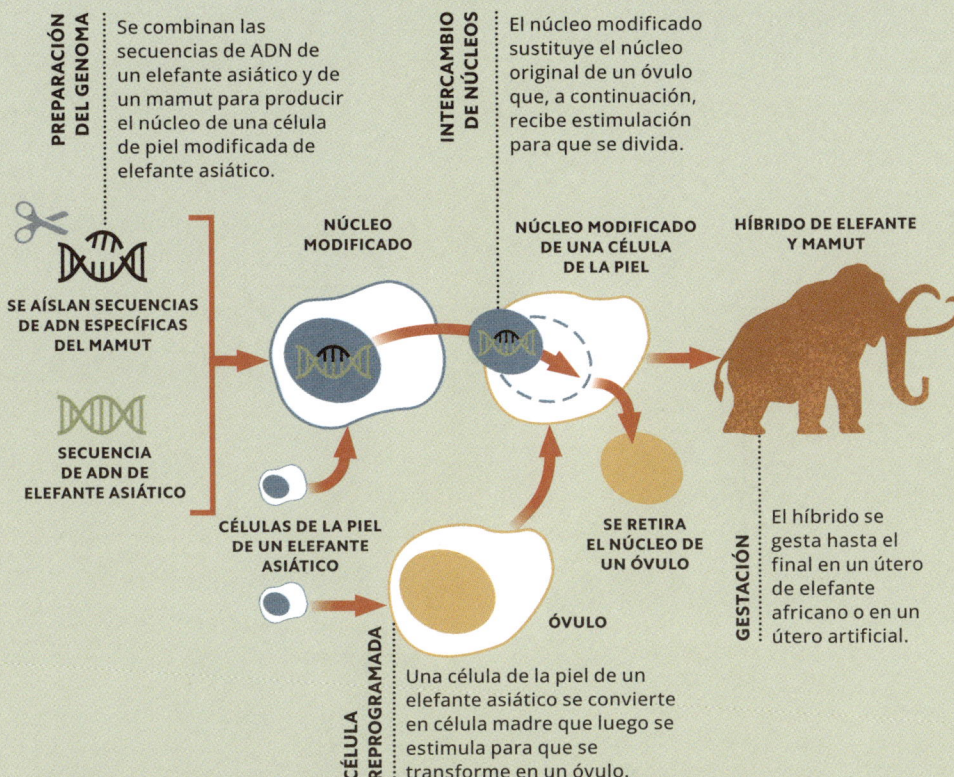

**PREPARACIÓN DEL GENOMA**
Se combinan las secuencias de ADN de un elefante asiático y de un mamut para producir el núcleo de una célula de piel modificada de elefante asiático.

**INTERCAMBIO DE NÚCLEOS**
El núcleo modificado sustituye el núcleo original de un óvulo que, a continuación, recibe estimulación para que se divida.

SE AÍSLAN SECUENCIAS DE ADN ESPECÍFICAS DEL MAMUT

SECUENCIA DE ADN DE ELEFANTE ASIÁTICO

NÚCLEO MODIFICADO

NÚCLEO MODIFICADO DE UNA CÉLULA DE LA PIEL

HÍBRIDO DE ELEFANTE Y MAMUT

CÉLULAS DE LA PIEL DE UN ELEFANTE ASIÁTICO

SE RETIRA EL NÚCLEO DE UN ÓVULO

**GESTACIÓN**
El híbrido se gesta hasta el final en un útero de elefante africano o en un útero artificial.

ÓVULO

**CÉLULA REPROGRAMADA**
Una célula de la piel de un elefante asiático se convierte en célula madre que luego se estimula para que se transforme en un óvulo.

# REVIVIR ESPECIES PERDIDAS

La biotecnología ofrece la posibilidad de crear animales que se asemejen a especies extintas. La desextinción emplea métodos parecidos a los que sirvieron para clonar la oveja Dolly en 1996: se modifica el ADN de una célula adulta que luego se fusiona con un óvulo no fertilizado y al que se ha extraído el ADN. En teoría, el método de modificación de genes CRISPR-Cas9 (véase p. 34) puede ayudar a reintroducir especies perdidas si se utiliza como patrón el ADN del animal extinto. Sin embargo, los tejidos de esos animales suelen ser antiguos y estar dañados, por lo que el genoma recuperado es fragmentario. Se debate si traer de nuevo a la vida a los mamuts requeriría que su gestación se produjera en úteros artificiales (véase p. anterior).

# RENOVACIÓN CELULAR

El cuerpo se deshace de manera natural de las células jóvenes cuando enferman en un proceso llamado apoptosis (muerte programada). Sin embargo, las células senescentes (viejas y en decadencia) no se eliminan, sino que se acumulan y provocan desórdenes crónicos. Se están probando los medicamentos senolíticos, que eliminan las células senescentes e inducen la apoptosis, para tratar la artritis y otras enfermedades inflamatorias.

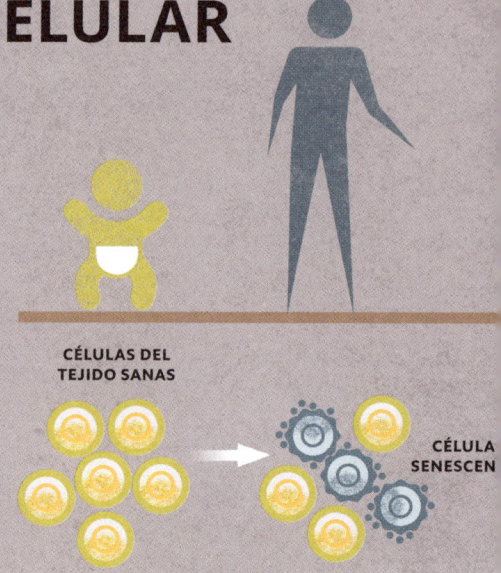

CÉLULAS DEL
TEJIDO SANAS

CÉLULA
SENESCEN

**Sepultura y plantación**
El cuerpo se coloca en una envoltura biodegradable y se entierra bien hondo. En el suelo de encima se planta un árbol.

**Descomposición**
A lo largo de los meses la envoltura se degrada y la materia orgánica que contiene se transforma en nutrientes minerales que impulsan el crecimiento de la planta.

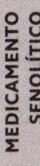

**MEDICAMENTO SENOLÍTICO**

Los medicamentos senolíticos tienen como objetivo las células senescentes. La mayoría de los senolíticos son medicamentos contra el cáncer rediseñados.

**MUERTE CELULAR INDUCIDA**

El medicamento retira de manera selectiva las células senescentes induciendo su apoptosis.

**SOLO QUEDAN CÉLULAS SANAS**

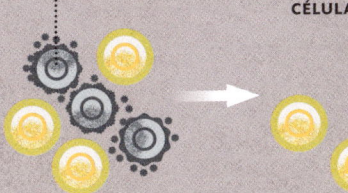

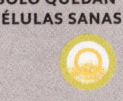

# DESPEDIDAS ECOLÓGICAS

Los sudarios biodegradables son una opción para practicar enterramientos más respetuosos con el medio ambiente. Se hacen con plásticos fabricados a base de almidón y se entierran bajo un árbol, un esqueje o una semilla. Cuando la envoltura se degrada, libera materia orgánica que se transforma en minerales que nutren el árbol. Otros métodos de enterramiento sostenible incluyen la acuamación (licuefacción en un medio alcalino), recomposición (compostaje de restos humanos) o los funerales fúngicos.

**Una nueva vida**
Los nutrientes liberados por la envoltura y su contenido se absorben en el suelo, y el árbol los aprovecha para crecer.

# ALIMEN
# Y
# AGRICU

# TACIÓN

# LTURA

**La agricultura actual** se enfrenta a dos desafíos contradictorios: alimentar a una población creciente a la vez que reduce las emisiones de gases de efecto invernadero. Las nuevas tecnologías pueden ayudar en ambos aspectos, sobre todo contribuyendo a hacer un uso lo más eficiente posible de los recursos. Esto puede implicar la instalación de «cultivos verticales» de interior, el empleo de datos obtenidos en tiempo real para la toma de decisiones o el desarrollo de maquinaria agrícola multipropósito. La ingeniería genética puede desempeñar un papel crucial en la adaptación de los cultivos de cereales para que crezcan en condiciones adversas. Entretanto se realizan esfuerzos para desarrollar alimentos novedosos, más sostenibles, como microalgas, carnes de laboratorio o platos elaborados con impresión 3D.

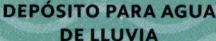

**DEPÓSITO PARA AGUA DE LLUVIA**

# CULTIVOS EN EL AIRE

Hacer un uso responsable del suelo es un elemento esencial para mitigar el cambio climático, proteger la naturaleza y sostener las comunidades humanas. La agricultura vertical pretende reducir al mínimo la superficie que se dedica a la agricultura apilando los cultivos por capas en espacios de interior como invernaderos, almacenes o antiguas minas. A las plantas se les proporcionan condiciones idóneas para el crecimiento, con un control cuidadoso de la temperatura y la luz. Sin embargo, la agricultura vertical depende mucho de los precios de la energía y su balance de costes no resulta muy eficiente comparado con el de la agricultura tradicional.

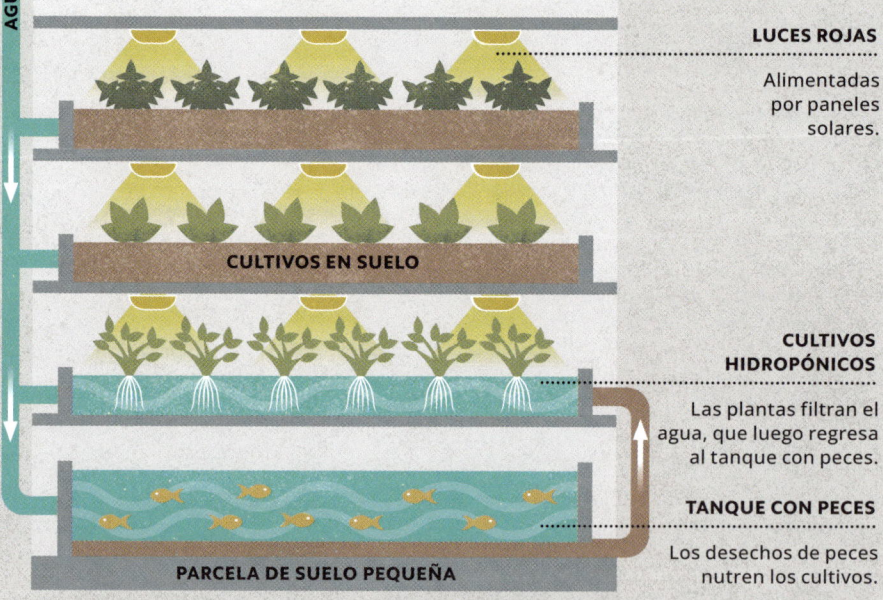

**AGUA DE LLUVIA**

**LUCES ROJAS**

Alimentadas por paneles solares.

**CULTIVOS EN SUELO**

**CULTIVOS HIDROPÓNICOS**

Las plantas filtran el agua, que luego regresa al tanque con peces.

**TANQUE CON PECES**

Los desechos de peces nutren los cultivos.

**PARCELA DE SUELO PEQUEÑA**

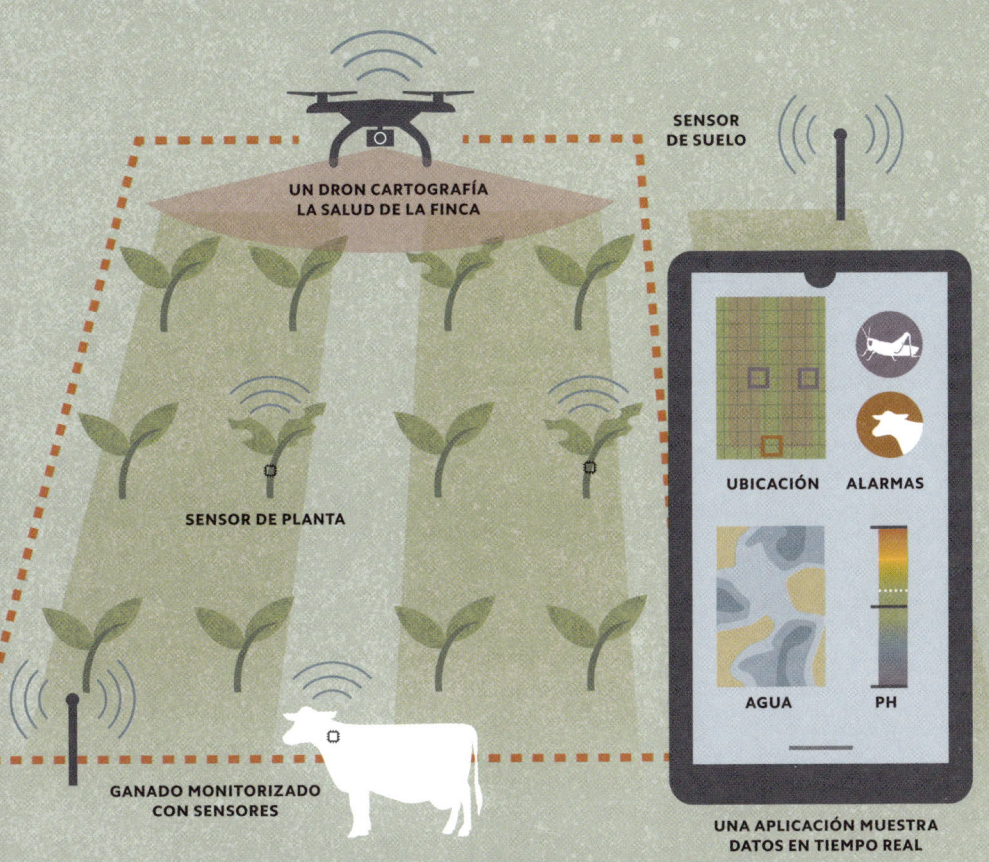

UN DRON CARTOGRAFÍA
LA SALUD DE LA FINCA

SENSOR
DE SUELO

SENSOR DE PLANTA

UBICACIÓN  ALARMAS

AGUA  PH

GANADO MONITORIZADO
CON SENSORES

UNA APLICACIÓN MUESTRA
DATOS EN TIEMPO REAL

# EL INTERNET DE LAS ROZAS

La agricultura de precisión recurre a la tecnología para monitorizar las
granjas con el fin de mejorar la eficiencia y favorecer la toma de
decisiones. Se transmiten y analizan de manera continua datos de
dispositivos conectados como monitores de suelo, sensores en
plantas, alarmas sobre el ganado o drones de reconocimiento. Las
granjas con tecnología más avanzada pueden incorporar respuestas
automatizadas. Este enfoque aspira a dar el uso más eficaz posible a
recursos como el grano, los fertilizantes, el agua o el suelo. Quienes
defienden la agricultura de precisión afirman que es necesaria la
transición a este modo de producción agrícola si se pretende alimentar
una población creciente sin causar daños irreversibles a la naturaleza.

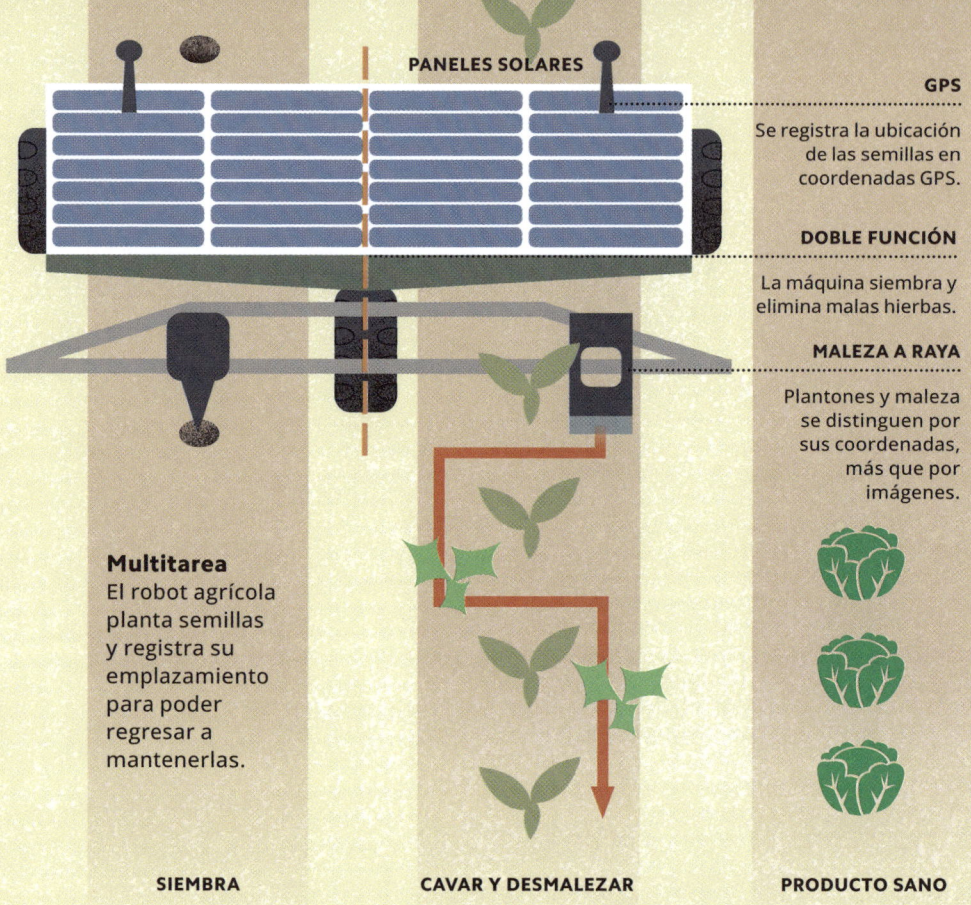

**PANELES SOLARES**

**GPS**

Se registra la ubicación de las semillas en coordenadas GPS.

**DOBLE FUNCIÓN**

La máquina siembra y elimina malas hierbas.

**MALEZA A RAYA**

Plantones y maleza se distinguen por sus coordenadas, más que por imágenes.

**Multitarea**
El robot agrícola planta semillas y registra su emplazamiento para poder regresar a mantenerlas.

**SIEMBRA**

**CAVAR Y DESMALEZAR**

**PRODUCTO SANO**

# AGRICULTURA ROBÓTICA

Los avances en robótica, visión de computadoras y campos afines permiten que un número cada vez mayor de tareas agrícolas repetitivas y fatigosas se efectúe con máquinas autónomas. Estos dispositivos pueden arar, plantar semillas, retirar malas hierbas, suministrar agua y fertilizantes y cosechar, todo ello con una intervención humana mínima o incluso nula. Por ejemplo, es posible que un robot registre la ubicación de las semillas por medio de GPS de manera que, cuando vuelva al mismo lugar, sea capaz de arrancar hierbas malas o aplicar pesticidas con precisión mientras protege los plantones. Este proceso resulta más barato y respetuoso con el medio que fumigarlo todo con pesticidas.

# FERTILIZANTES INCORPORADOS

Uno de los nutrientes clave para el crecimiento de las plantas es el nitrógeno. Los fertilizantes nitrogenados artificiales son fundamentales para aumentar la producción de alimentos y garantizar el alimento de la población mundial. Sin embargo, su producción consume mucha energía que suele provenir de combustibles fósiles que causan daños ambientales. Hay una necesidad urgente de encontrar alternativas sostenibles, como aplicar ingeniería genética (véase p. 34) para dotar a los cereales cultivados de la capacidad de fijar nitrógeno, algo solo al alcance de microorganismos. Esto les permitiría transformar el nitrógeno del aire en compuestos nitrogenados útiles.

**MICROBIO**

**CULTIVO**

**PRODUCCIÓN DE UN GEN HÍBRIDO**

**CULTIVO MODIFICADO**

### Genes NiF
Los genes de fijación de nitrógeno (NiF) de distintas bacterias se han transferido a plantas cultivadas y se han «expresado», es decir, la información genética se ha utilizado para producir moléculas, como proteínas, en otros organismos.

**LEGUME**

**CULTIVO**

**PRODUCCIÓN DE UN GEN HÍBRIDO**

**CULTIVO MODIFICADO**

### Nódulos radiculares
Las legumbres se asocian a bacterias fijadoras de nitrógeno que habitan en sus nódulos radiculares y logran convertir el nitrógeno de la atmósfera en compuestos nutritivos. Este gen se puede introducir en otros cultivos.

### «SIEMPRE VERDE»

Las plantas resistentes a la sequía portan un gen que las ayuda a mantenerse verdes durante más tiempo. Ello alarga la temporada de cosecha y proporciona mayor rendimiento.

### CERA PROTECTORA

Las plantas que cuentan con más cera protectora tienen más probabilidad de sobrevivir a la sequía, así como a los efectos dañinos de la radiación ultravioleta y del frío intenso.

### FLORACIÓN TEMPRANA

Las cosechas pueden eludir daños por condiciones meteorológicas extremas si florecen antes.

### ESTOMAS ACTIVOS

El maíz transgénico con más estomas activos (poros que se cierran para evitar la pérdida de agua) tolera mejor la sequía.

### «FLOWER POWER»

La transferencia de un rasgo floral al maíz modifica el modo en que utiliza el carbono, altera su patrón de crecimiento y mejora su rendimiento.

### Cultivos transgénicos

Al transferir genes asociados a la resistencia frente a la sequía a cultivos de cereales como el maíz (representado en la figura) es posible reforzar la resistencia de la planta a la falta de agua.

### ARQUITECTURA DE LAS RAÍCES

La manipulación genética puede mejorar el crecimiento radicular en condiciones de sequía, lo que permite que la planta busque nuevas fuentes de agua.

# ¿SEQUÍA? ¿QUÉ SEQUÍA?

Hay fenómenos meteorológicos extremos, como las sequías, que se están volviendo cada vez más frecuentes y severos y que pueden resultar devastadores para las cosechas. Por eso se estudian las propiedades de las plantas que tienen más resistencia natural a la sequía con el fin de diseñar versiones más resilientes de alimentos básicos como el trigo, el arroz o el maíz, capaces de proporcionar mayor rendimiento bajo condiciones difíciles.

**Nanopartículas**
Se pueden rociar sobre los cultivos o se pueden añadir al suelo para aliviar el estrés salino.

Aumenta la clorofila y se mejora la eficiencia de la fotosíntesis.

Mejoran la actividad de las enzimas (que aceleran las reacciones químicas), lo que favorece la germinación de semillas.

Mejoran la capacidad de las células para retener potasio, un nutriente esencial.

SE AÑADEN NANOPARTÍCULAS AL SUELO

PLANTA DE ALGODÓN

Potencia los antioxidantes, que neutralizan los radicales libres (átomos inestables que dañan las células).

Previenen que se acumulen sales en las hojas bajo condiciones de estrés salino

Ayudan a mejorar la homeostasis (estabilidad y autorregulación) en beneficio del crecimiento de la planta.

# LA SOLUCIÓN SALINA

Factores como el ascenso del nivel del mar provocan un incremento veloz de los territorios afectados por la salinización (presencia de sal). Esto puede causar estrés salino en los cultivos, lo que reduce el rendimiento y amenaza el suministro de alimentos. La nanotecnología y la ingeniería genética pueden contribuir a que los cultivos toleren la salinidad. Se aplica nanotecnología para producir nanopartículas biocompatibles (véase p. 10) que estimulan la absorción de nutrientes por parte de las plantas, así como su balance hídrico, entre otras medidas defensivas. Las nanopartículas de chitosán (un azúcar), por ejemplo, mejoran la eficiencia del uso del agua en el maíz y reducen la acumulación de sales en la planta.

# AGRICULTURA DE ALGAS

Las microalgas (organismos acuáticos unicelulares) no se han utilizado hasta ahora. Son ricas en nutrientes y crecen con rapidez, lo que permite su uso como suplementos nutritivos para seres humanos y para alimentar el ganado, pero también como combustible, fertilizante o recurso farmacéutico. Sin embargo, los costes de su cultivo, en especial a la hora de cosecharlas, resultan prohibitivos. El desafío consiste en cultivar microalgas de un modo eficiente.

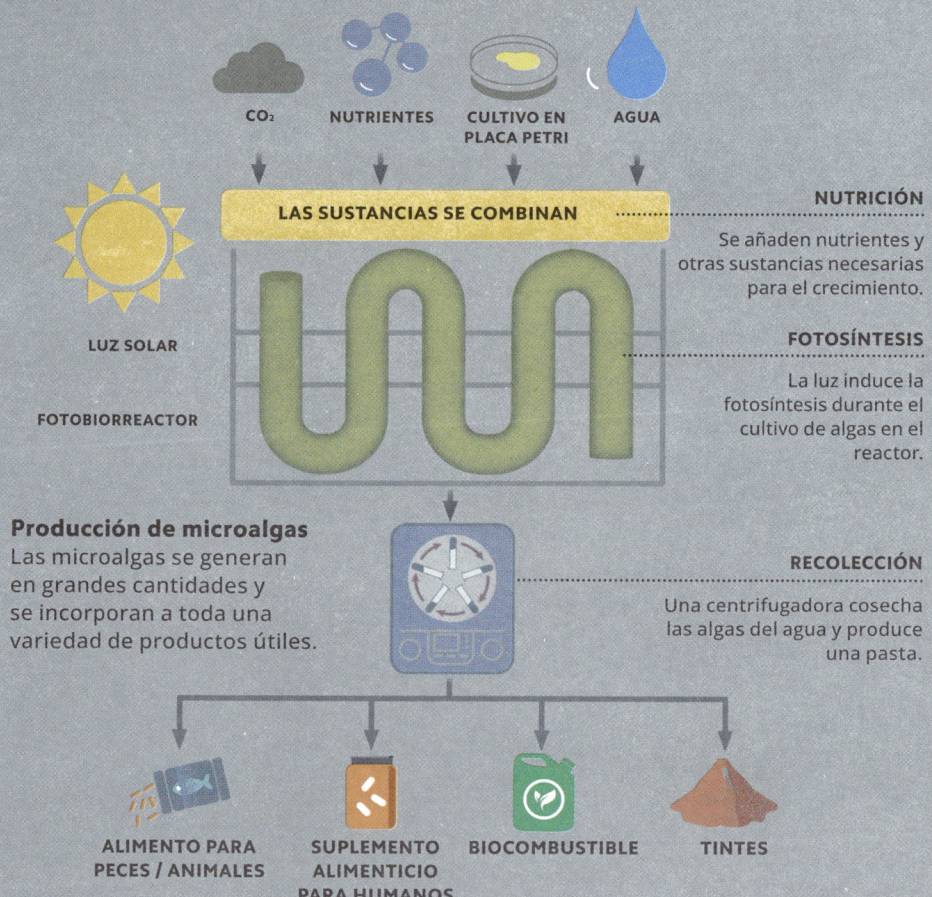

CO₂

NUTRIENTES

CULTIVO EN PLACA PETRI

AGUA

LAS SUSTANCIAS SE COMBINAN

LUZ SOLAR

FOTOBIORREACTOR

**NUTRICIÓN**

Se añaden nutrientes y otras sustancias necesarias para el crecimiento.

**FOTOSÍNTESIS**

La luz induce la fotosíntesis durante el cultivo de algas en el reactor.

**Producción de microalgas**

Las microalgas se generan en grandes cantidades y se incorporan a toda una variedad de productos útiles.

**RECOLECCIÓN**

Una centrifugadora cosecha las algas del agua y produce una pasta.

ALIMENTO PARA PECES / ANIMALES

SUPLEMENTO ALIMENTICIO PARA HUMANOS

BIOCOMBUSTIBLE

TINTES

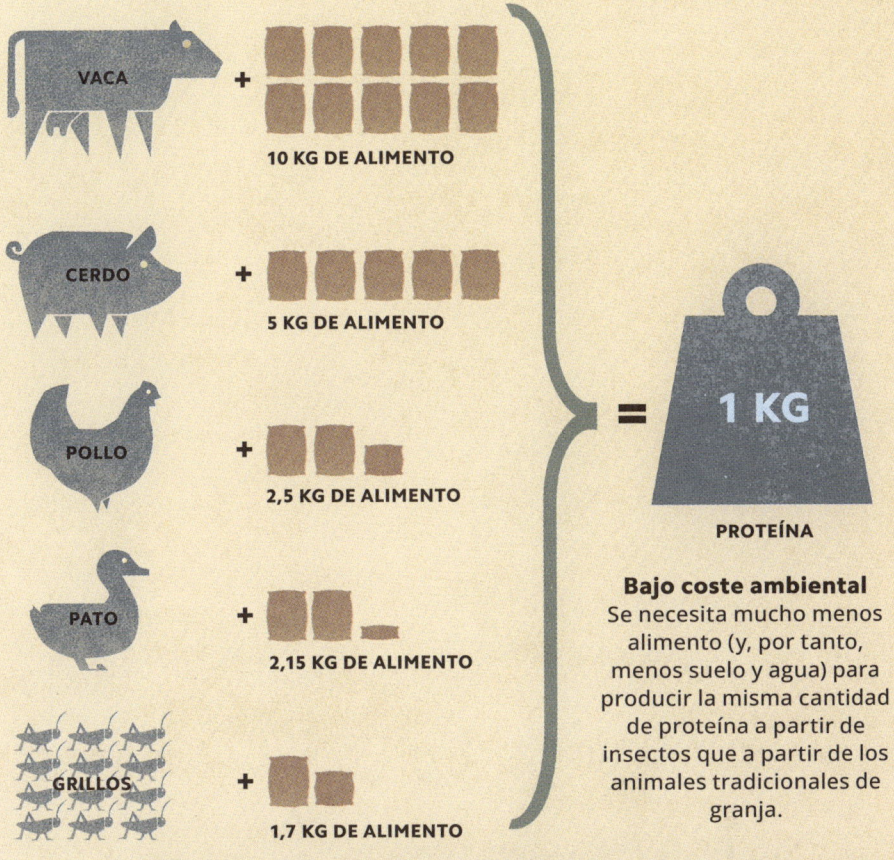

**VACA** + 10 KG DE ALIMENTO

**CERDO** + 5 KG DE ALIMENTO

**POLLO** + 2,5 KG DE ALIMENTO

**PATO** + 2,15 KG DE ALIMENTO

**GRILLOS** + 1,7 KG DE ALIMENTO

= **1 KG** PROTEÍNA

**Bajo coste ambiental**
Se necesita mucho menos alimento (y, por tanto, menos suelo y agua) para producir la misma cantidad de proteína a partir de insectos que a partir de los animales tradicionales de granja.

# ¿SALTAMONTES PARA ALMORZAR?

Ya hay miles de millones de personas que consumen insectos a diario. Las emisiones de gases de efecto invernadero y el uso del territorio asociados a las granjas ganaderas están incrementando el atractivo culinario de los insectos en regiones donde aún no existía esta tradición. Muchos insectos, como los grillos, son muy nutritivos: algunos contienen más proteína por gramo que la ternera, el cerdo o el pollo. Se pueden consumir enteros o triturados en forma de «harina de grillo», en barras proteínicas o como hamburguesas.

SE RECOLECTAN
CÉLULAS DE UN
ANIMAL VIVO

SE AÑADEN
FACTORES DE
CRECIMIENTO

# CARNE ARTIFICIAL

El bienestar animal y la preocupación por el medio ambiente están llevando a considerar la reducción o la sustitución de la carne en la dieta. La carne cultivada recurre a la ingeniería de tejidos (véase p. 38) para cultivar células animales fuera del cuerpo del ser vivo, y con ello ofrece la posibilidad de seguir consumiendo carne sin esas preocupaciones. Se produce con células que se recolectan de animales y después se desarrollan en biorreactores de tejido, de donde se cosechan más tarde para preparar con ellas diversos productos.

BIORREACTOR

Las células crecen
alrededor de una
estructura formada por
un biomaterial
comestible.

ARMAZÓN

SE PRODUCE
TEJIDO
MUSCULAR
REAL

PRODUCTO NO
ESTRUCTURADO, COMO
UNA HAMBURGUESA O
UNA SALCHICHA

PRODUCTO
ESTRUCTURADO,
COMO UN FILETE

POLVO PARA
PRODUCIR ALIMENTOS
CON IMPRESIÓN 3D

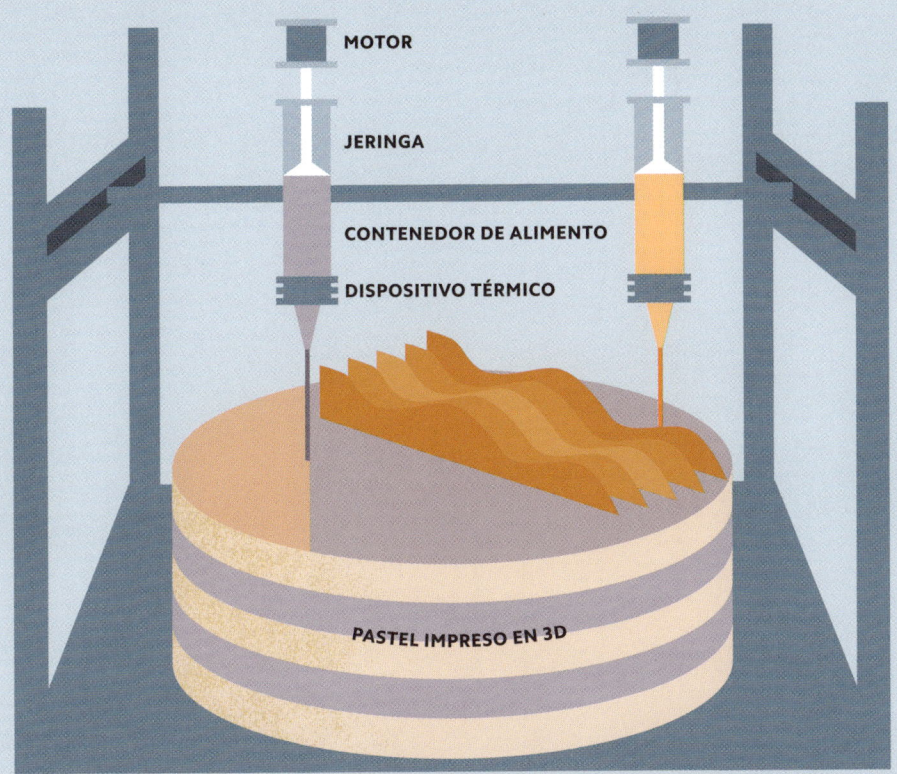

MOTOR

JERINGA

CONTENEDOR DE ALIMENTO

DISPOSITIVO TÉRMICO

PASTEL IMPRESO EN 3D

# COCINA DE IMPRESIÓN

La fabricación aditiva (véase p. 22) es aplicable a todo tipo de materiales, incluidos los comestibles. Las impresoras 3D convencionales se pueden adaptar para que trabajen con chocolate fundido, helado, masa, puré de patatas, carne cultivada y otros productos comestibles de textura pastosa y sigan un diseño digital que recurra a uno o a varios ingredientes. Con frecuencia, el alimento se calienta en la máquina para hacerlo más fluido y después se enfría tras depositarlo en la plataforma de impresión. El proceso permite controlar con precisión la estructura y las propiedades nutritivas de producto final y tiene aplicaciones potenciales en sanidad y en la exploración espacial tripulada.

# TRANSP

# ORTE

**Una quinta parte de las emisiones globales de CO₂** proviene del transporte, y se quiere convertir en un sector más sostenible. Ello implica reducir la cantidad de vehículos propulsados por combustibles fósiles e incrementar los que recurren a electricidad o a combustibles sostenibles. También se requiere tecnologías para conectar a las personas y medios de transporte que hagan un uso más eficiente de los vehículos, los combustibles y las infraestructuras y permitan prescindir de la posesión innecesaria de vehículos propios. Los vehículos son cada vez más inteligentes, de manera que recopilan y comparten datos para que los desplazamientos resulten más rápidos y seguros. En las carreteras ya empieza a haber automóviles sin conductor, mientras que drones voladores y subacuáticos asumen cada vez más tareas.

### CARGA MÁS RÁPIDA

Los puntos de carga rápida reducen la duración de las paradas durante los viajes. La carga inalámbrica por inducción electromagnética permite cargar los coches tanto detenidos como en circulación.

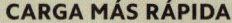

### BATERÍAS MEJORES

#### MÁS LIGERAS

Una batería más ligera mejora la autonomía y la capacidad de respuesta del vehículo. Al integrarla en el chasis del vehículo eléctrico se reduce el peso global, al igual que si se emplean materiales ligeros para la carrocería.

#### MÁS EFICIENTES

Las baterías de estado sólido son una alternativa a las de ion litio que ofrecen mayor seguridad, duran más y se cargan más rápido.

### MÁS POTENCIA

Los motores de flujo axial (motores eléctricos compactos) son más pequeños, más ligeros y más eficientes que los convencionales.

# VEHÍCULOS EFICIENTES

Los automóviles que funcionan con los contaminantes combustibles fósiles están quedando obsoletos en muchos mercados, y los fabricantes reciben grandes presiones para producir vehículos eléctricos prácticos, asequibles y atractivos. Fabricar vehículos eléctricos capaces de competir con sus equivalentes convencionales implica muchos desafíos, el principal de los cuales radica en la elevada densidad energética (energía almacenada por unidad de volumen) de los combustibles fósiles, muy superior a la de las mejores baterías de ion litio. Se trabaja para optimizar los vehículos eléctricos de manera que brinden las mismas prestaciones que los propulsados con petróleo.

# MOVIDOS POR LA LUZ SOLAR

Entre los vehículos solares (vehículos eléctricos movidos con luz solar) se cuentan coches, autobuses, trenes, aviones, naves espaciales y barcos. Un vehículo solar terrestre típico cuenta con paneles solares instalados en el techo que convierten la energía solar en electricidad para su propulsión y para otros fines, como la comunicación. Supone un gran desafío almacenar energía suficiente para que funcione uno de estos vehículos, por lo que la mayoría de ellos se encuentra aún en fase de investigación y desarrollo, aunque en el mercado ya hay algunos barcos solares.

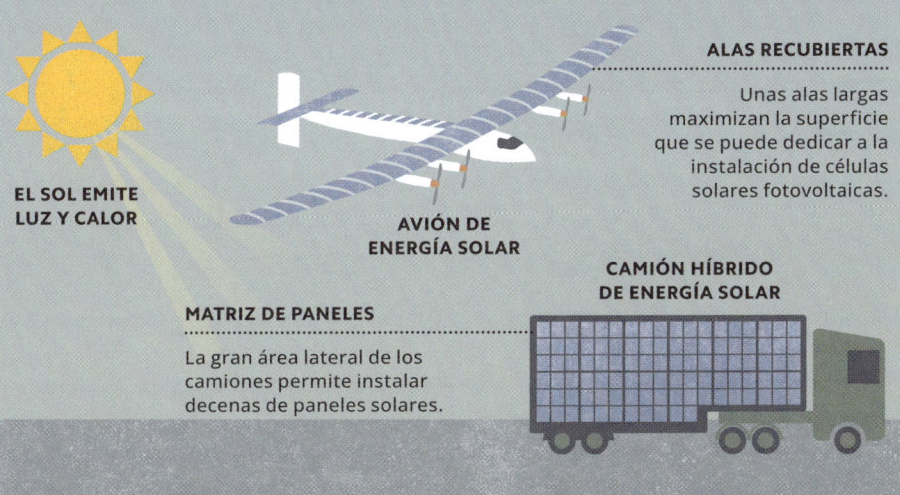

**EL SOL EMITE LUZ Y CALOR**

**AVIÓN DE ENERGÍA SOLAR**

**ALAS RECUBIERTAS**

Unas alas largas maximizan la superficie que se puede dedicar a la instalación de células solares fotovoltaicas.

**CAMIÓN HÍBRIDO DE ENERGÍA SOLAR**

**MATRIZ DE PANELES**

La gran área lateral de los camiones permite instalar decenas de paneles solares.

**ENERGÍA SOLAR MARINA**

Los buques impulsados con paneles solares (a veces con energía eólica) reducen las emisiones de gases de efecto invernadero.

**BUQUE MERCANTE DE ENERGÍA SOLAR**

# ¿VOLAR LIBRES DE CULPA?

Las alternativas sostenibles para los combustibles de aviación constituye uno de los mayores desafíos del sector. El queroseno es barato y posee gran densidad energética, pero se extrae del petróleo. Los combustibles sostenibles para aviación combinan queroseno con otras sustancias químicamente semejantes, pero obtenidas de fuentes sostenibles. Se espera reducir la proporción de queroseno y, a la larga, propulsar aviones grandes con electricidad o con combustibles renovables como el «queroseno sintético», fabricado con hidrógeno verde.

## COMBUSTIBLES FÓSILES

Estas fuentes de energía no son renovables y dañan el medio ambiente.

ELECTRICIDAD

H₂

HIDRÓGENO VERDE / QUEROSENO SINTÉTICO

ALGAS Y PLANTAS RICAS EN LÍPIDOS (ACEITES Y GRASAS)

RESIDUOS URBANOS

RESIDUOS VEGETALES

Desechos agrícolas obtenidos como subproducto de la gestión forestal

ACEITE DE COCINA USADO

GASES EMITIDOS POR FÁBRICAS

COMBUSTIBLES FÓSILES Y COMBUSTIBLES SOSTENIBLES DE AVIACIÓN

ACEITES BIOCOMBUSTIBLES DE CULTIVOS

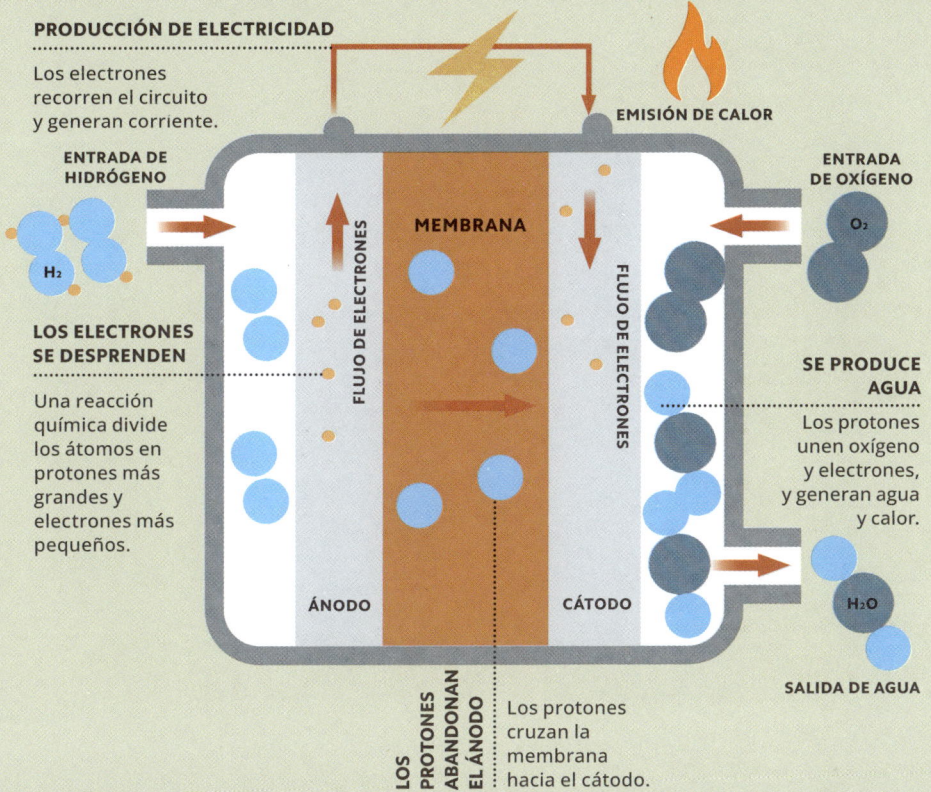

**PRODUCCIÓN DE ELECTRICIDAD**

Los electrones recorren el circuito y generan corriente.

**EMISIÓN DE CALOR**

**ENTRADA DE HIDRÓGENO**

**ENTRADA DE OXÍGENO**

**MEMBRANA**

FLUJO DE ELECTRONES

FLUJO DE ELECTRONES

$H_2$

$O_2$

**LOS ELECTRONES SE DESPRENDEN**

Una reacción química divide los átomos en protones más grandes y electrones más pequeños.

**SE PRODUCE AGUA**

Los protones unen oxígeno y electrones, y generan agua y calor.

**ÁNODO**

**CÁTODO**

$H_2O$

**SALIDA DE AGUA**

**LOS PROTONES ABANDONAN EL ÁNODO**

Los protones cruzan la membrana hacia el cátodo.

# IMPULSADOS POR HIDRÓGENO

Las células de combustible utilizan reacciones químicas para convertir su energía química en eléctrica. Es posible que las células de combustible de hidrógeno tengan un papel clave en un futuro con cero emisiones netas de carbono si sirven, por ejemplo, como alternativa a los motores de combustión. En este tipo de célula de combustible los átomos de hidrógeno entran en el ánodo (electrodo negativo) y se desprenden de sus electrones, produciendo corriente eléctrica hasta llegar al cátodo (electrodo positivo). Los protones que quedan atrás atraviesan una membrana hacia el cátodo, donde se unen con oxígeno para producir agua y calor. Las células de combustible de hidrógeno son eficientes y versátiles, y sus aplicaciones abarcan desde el transporte a las redes eléctricas. Sin embargo, su coste es elevado y hay pocas infraestructuras productoras de hidrógeno.

**APLICACIÓN PARA MÚLTIPLES TRANSPORTES**

**UN SERVICIO CENTRALIZADO**

TRANSACCIÓN ÚNICA

# ¿SE ACABÓ LO DE TENER UN VEHÍCULO PROPIO?

La movilidad como servicio (MaaS) sustituye el concepto tradicional de posesión de un vehículo privado por otro más eficiente en el que se paga por acceder a los servicios de transporte necesarios para completar un viaje. MaaS aúna servicios públicos y privados que se pueden planificar, contratar y pagar por medio de una única aplicación informática. Es posible pagar por trayectos individuales u optar por abonos mensuales dentro de un área determinada.

# VEHÍCULOS ROBÓTICOS

Cualquier tipo de vehículo puede equiparse con un sistema de autoconducción, desde los camiones tráiler hasta dragaminas sin tripulación o aeroplanos que aterrizan por sí solos. Estos vehículos poseen grados diversos de autonomía, que pueden ir desde aportar asistencia limitada a quien los conduce (por ejemplo, controlando el volante o la velocidad) hasta operar sin ninguna intervención humana en absoluto. Una tecnología de IA analiza en tiempo real los datos recopilados por los sensores del vehículo y los usa para reaccionar ante el entorno cambiante como, por ejemplo, frenando si un peatón se cruza en el camino.

**Camión autoconducido**
Muchos países acusan la falta de profesionales capaces de conducir camiones, lo que ha fomentado un interés creciente por la automatización total o parcial.

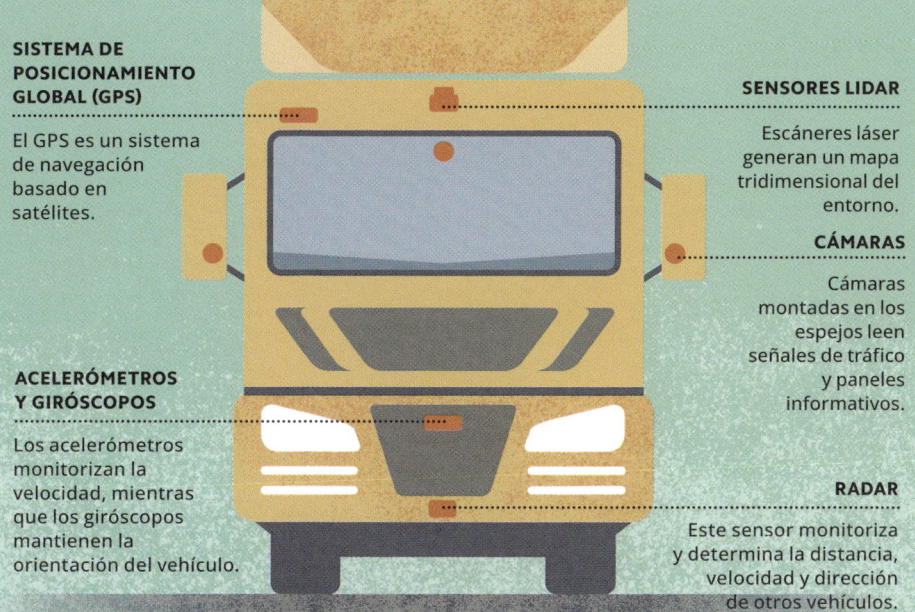

**SISTEMA DE POSICIONAMIENTO GLOBAL (GPS)**

El GPS es un sistema de navegación basado en satélites.

**ACELERÓMETROS Y GIRÓSCOPOS**

Los acelerómetros monitorizan la velocidad, mientras que los giróscopos mantienen la orientación del vehículo.

**SENSORES LIDAR**

Escáneres láser generan un mapa tridimensional del entorno.

**CÁMARAS**

Cámaras montadas en los espejos leen señales de tráfico y paneles informativos.

**RADAR**

Este sensor monitoriza y determina la distancia, velocidad y dirección de otros vehículos.

# REBAÑOS DE VEHÍCULOS

Un pelotón consiste en un grupo de vehículos que se conducen de manera conjunta, controlados normalmente por la persona que opera el que va al frente. Esto permite coordinar las aceleraciones y frenadas, así como mantener la distancia de seguridad, lo que incrementa la capacidad de la vía y reduce el riesgo de accidentes. En el futuro, los automóviles conectados (véase abajo) pueden ser la opción ideal para incorporarse a los pelotones o salir de ellos de manera automática.

**SUMARSE A UN PELOTÓN**
Un automóvil se incorpora al pelotón y señaliza su destino. El camión que va en cabeza toma el control de los sistemas a bordo del vehículo recién llegado.

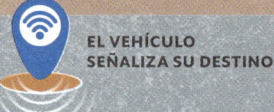

**EL VEHÍCULO SEÑALIZA SU DESTINO**

**UN AUTO SE DISPONE A SALIR DEL PELOTÓN**

> **«La tecnología sería capaz de detectar una colisión potencial antes de que una persona al volante sea consciente del riesgo».**
> *Los Angeles Times*

**COORDINACIÓN**

Los automóviles pueden seguir usando los dos carriles porque se coordinarán cuando lleguen a un atasco.

**DESACELERACIÓN**

Este auto detecta el incidente y frena.

## Vehículos coordinados

Circular en caravana reduce el consumo de combustible y las emisiones de $CO_2$. Un uso más eficiente de la vía también contribuye a evitar atascos.

**CONDUCTOR DE CABEZA**
Un conductor profesional guía el pelotón de camiones sin conductor y de autos conectados aunque lleven conductor.

**SALIR DEL PELOTÓN**
El conductor abandona el pelotón e interrumpe la comunicación. El vehículo cambia de carril para tomar el desvío.

**CAMIONES SIN CONDUCTOR**
Los camiones frenan de manera automática y mantienen entre ellos distancias seguras (véase p. 63). Como circulan unos cerca de otros se reduce la fuerza de arrastre aerodinámico y así mejora la eficiencia en el uso de combustible.

**DESTINO**

**CAMIÓN DE CABEZA**

**ADELANTAMIENTO**
El auto que se acerca al vehículo averiado puede cambiar con seguridad al otro carril porque el coche que lo sigue se lo facilita.

**OBSTRUCCIÓN**
Un automóvil averiado envía una señal.

# AUTOMÓVILES QUE HABLAN

Es probable que se produzca un incremento en el intercambio inalámbrico de datos a medida que los automóviles se vayan incorporando al internet de las cosas (véase p. 96). Este tipo de enlace se conoce como comunicación vehículo a vehículo (V2V). Un automóvil puede transmitir datos acerca de su velocidad y dirección, así como compartir alertas sobre averías o condiciones meteorológicas adversas, lo que mejoraría la seguridad viaria y la congestión del tráfico.

# ¿TAN VELOZ COMO VOLAR?

Se están haciendo esfuerzos para diseñar y construir redes ferroviarias por las que circulen trenes hiperrápidos para enlazar ciudades importantes. Los trenes más rápidos podrían viajar con velocidades de cientos de kilómetros por hora, lo que permite afirmar que competirían con la aviación en cuanto a comodidad y duración del viaje. Se han propuesto varios métodos para hacerlos aún más rápidos, como que circulen por grandes tubos al vacío, lo que reduciría al mínimo la resistencia aerodinámica y permitiría alcanzar velocidades supersónicas consumiendo poca energía.

**CÁPSULA**
Cada tren se compone de varias cápsulas presurizadas autónomas.

**TURBOCOMPRESOR**
El turbocompresor transfiere aire a alta presión desde la parte delantera hacia la trasera y crea un colchón de aire.

**TUBO AL VACÍO**
Se retira casi la totalidad del aire del tubo hermético para crear casi un vacío, lo que reduce el rozamiento aerodinámico.

La cápsula levita sobre imanes y flota en el aire, lo que elimina el rozamiento.

**IMANES**

El campo magnético impulsa el tren hacia delante.

**CAMPO MAGNÉTICO**

# LA COMPRA CAÍDA DEL CIELO

Los drones se usan en todo el mundo, hoy en día, para el reparto de paquetería. Resultan especialmente convenientes para envíos urgentes de paquetes pequeños con material médico, porque no se enfrentan al riesgo de quedar atrapados en un embotellamiento de tráfico o por el mal estado de la vía. Pero cada vez se usan más para entregar objetos más cotidianos. Si los centros de distribución local emplearan flotas de drones para las fases finales del reparto de paquetería (lo que se conoce como «último kilómetro») se reducirían tanto los costes como las emisiones asociados a esta actividad.

## Entrega de último kilómetro

El «último kilómetro» suele conllevar la mitad del coste total de distribución y podría encargarse a drones de reparto.

**NAVEGACIÓN POR GPS, SONAR O SISTEMAS SIMILARES**

Los drones de reparto autónomos van equipados con navegación por satélite y con un conjunto de sensores (como cámaras) que les permiten alcanzar su destino sin incidencias.

**ENTREGA**

El dron puede tomar tierra o bien puede dejar caer el paquete con un paracaídas desde una altura de entre 60 y 120 metros y monitorizar su descenso.

**DESPLIEGUE DE LA FLOTA DE DRONES**

**ATERRIZAJE SEGURO**

La clientela debe dar su consentimiento para que los drones dejen caer los paquetes en su casa, lo que normalmente se hace en el patio trasero de la vivienda.

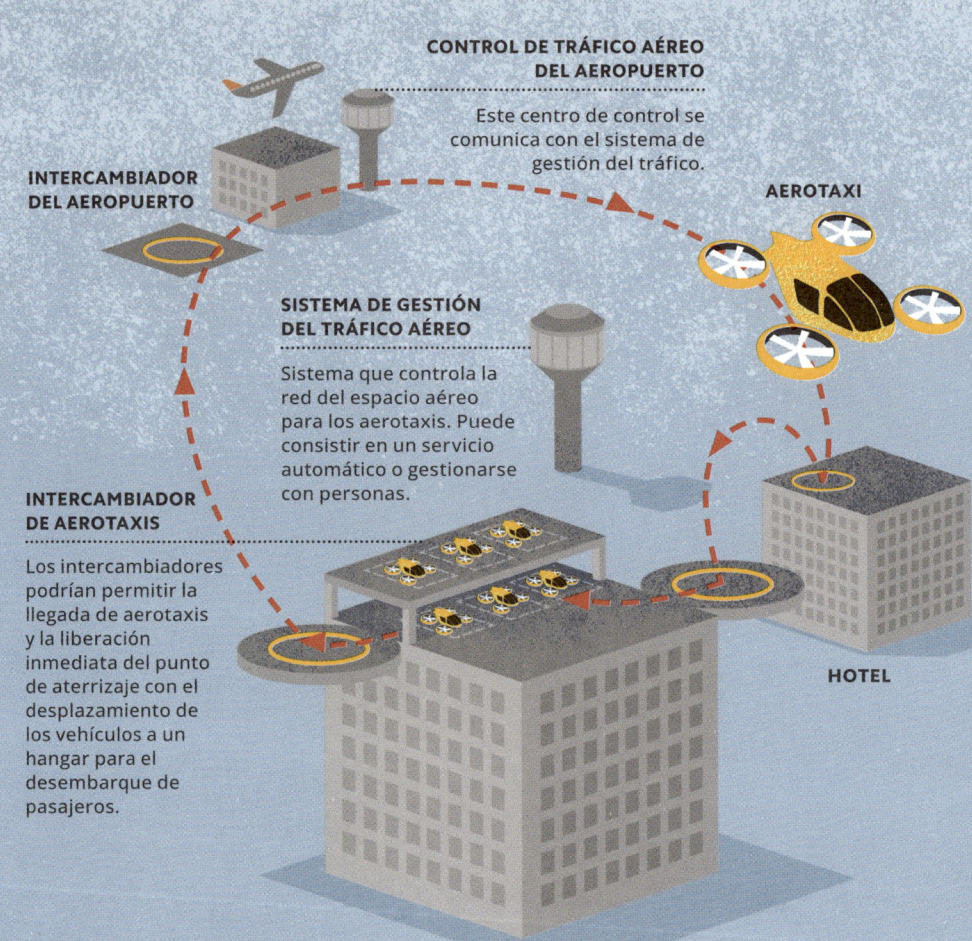

**CONTROL DE TRÁFICO AÉREO DEL AEROPUERTO**

Este centro de control se comunica con el sistema de gestión del tráfico.

**INTERCAMBIADOR DEL AEROPUERTO**

**AEROTAXI**

**SISTEMA DE GESTIÓN DEL TRÁFICO AÉREO**

Sistema que controla la red del espacio aéreo para los aerotaxis. Puede consistir en un servicio automático o gestionarse con personas.

**INTERCAMBIADOR DE AEROTAXIS**

Los intercambiadores podrían permitir la llegada de aerotaxis y la liberación inmediata del punto de aterrizaje con el desplazamiento de los vehículos a un hangar para el desembarque de pasajeros.

**HOTEL**

# TAXIS VOLADORES

Vivimos un renacimiento del interés por el concepto de taxi volador (o «aerotaxi»), y no solo por la posibilidad de que contribuya a aliviar la congestión del tráfico. Hay decenas de empresas desarrollando versiones eléctricas (en la práctica, drones dimensionados para transportar pasajeros) que son más silenciosas y menos contaminantes que los helicópteros. Pueden despegar y aterrizar en vertical y se adaptan bien a entornos urbanos densos. Aún hay que superar obstáculos legales y técnicos: desarrollo de baterías más ligeras y baratas y de mecanismos de seguridad en el espacio aéreo urbano.

# LISTOS PARA EL (RE)LANZAMIENTO

Los cohetes tradicionales eran extremadamente caros porque se construían para usarlos en un solo lanzamiento. Sin embargo, los cohetes reutilizables tienen algunas partes que se pueden reacondicionar y relanzar, lo que hace más barato llevar pasajeros y carga a la órbita. Estos cohetes son cruciales para el arranque de la «nueva era espacial», en la que el transporte espacial se está volviendo cada vez más económico y comercial, a diferencia del periodo anterior en el que era accesible a unas cuantas agencias gubernamentales.

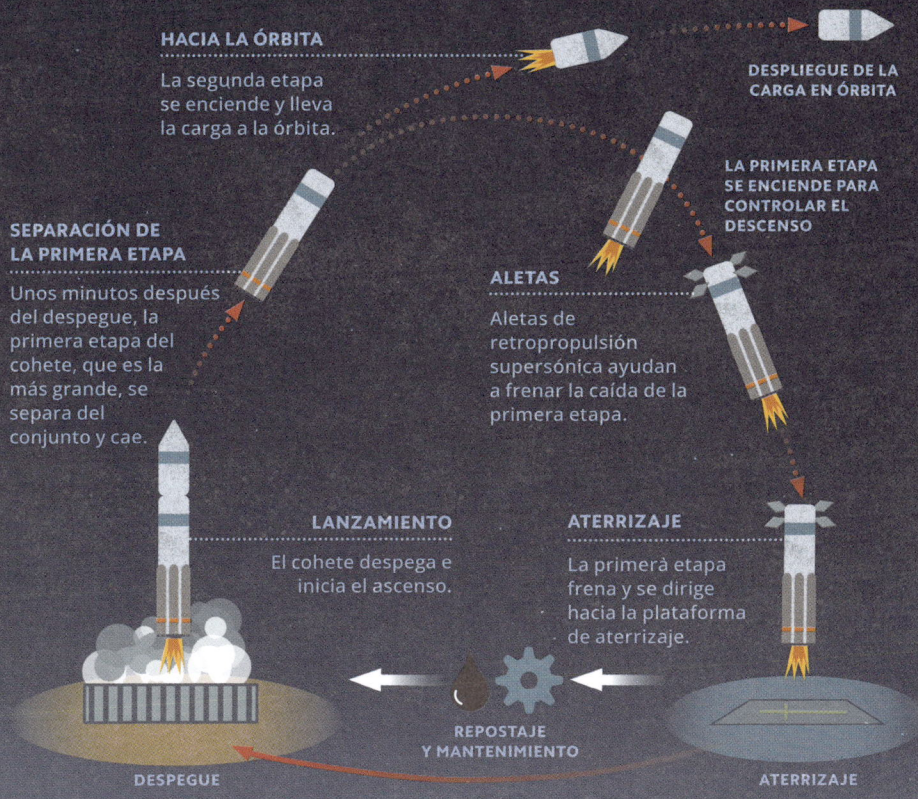

**HACIA LA ÓRBITA**

La segunda etapa se enciende y lleva la carga a la órbita.

**DESPLIEGUE DE LA CARGA EN ÓRBITA**

**LA PRIMERA ETAPA SE ENCIENDE PARA CONTROLAR EL DESCENSO**

**SEPARACIÓN DE LA PRIMERA ETAPA**

Unos minutos después del despegue, la primera etapa del cohete, que es la más grande, se separa del conjunto y cae.

**ALETAS**

Aletas de retropropulsión supersónica ayudan a frenar la caída de la primera etapa.

**LANZAMIENTO**

El cohete despega e inicia el ascenso.

**ATERRIZAJE**

La primera etapa frena y se dirige hacia la plataforma de aterrizaje.

**DESPEGUE**

**REPOSTAJE Y MANTENIMIENTO**

**ATERRIZAJE**

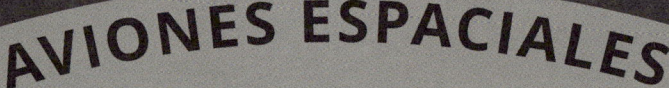

**PRESTACIONES DE NAVE ESPACIAL**

El avión espacial Radian One podría pasar días en órbita antes de tomar tierra como un avión en una pista de aterrizaje.

# AVIONES ESPACIALES

Los aviones espaciales vuelan y planean como los aviones que viajan por la atmósfera terrestre, pero también maniobran fuera de ella como lo haría una nave espacial. El avión espacial más famoso, la lanzadera espacial de la NASA, alcanzaba la órbita terrestre con su tripulación a bordo y colaboró en la construcción de la Estación Espacial Internacional. Todos los aviones espaciales orbitales que ha habido hasta ahora despegaban en posición vertical a lomos de un cohete independiente. Hay otros modelos, entre ellos el avión espacial de despegue horizontal Radian One o el pequeño aparato sin tripulación X37B, que se lanza en el seno de un cohete lanzador, pero los dos toman tierra en una pista de aeropuerto.

**TRINEO DE LANZAMIENTO**

El avión espacial Radian One despegaría mediante un trineo sobre raíles impulsado por cohetes para ahorrar su propio combustible.

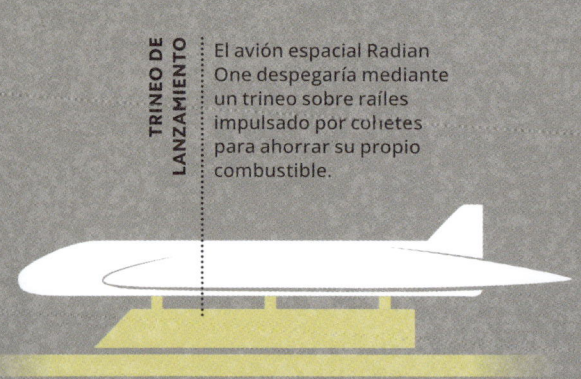

**X37B**

Este vehículo despega en vertical gracias a un cohete, pero aterriza en una pista.

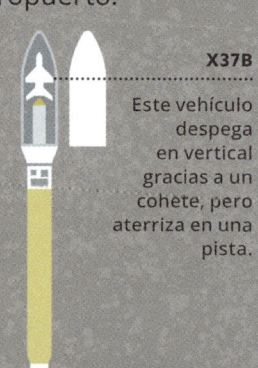

# AUTÓMATAS SUBACUÁTICOS

Los submarinos autónomos son robots que viajan bajo el agua sin supervisión humana permanente, y hace tiempo que resultan útiles en tareas de búsqueda y salvamento, prospección petrolera, investigación científica y actividades de defensa. Las instituciones de defensa están impulsando ahora el desarrollo de aparatos más grandes, más resistentes y más sofisticados, cruciales en conflictos bélicos futuros. Estos submarinos pueden transportar cargas más pesadas (torpedos o misiles), alcanzan más profundidad y funcionan sin parar durante meses en tareas que antes requerían tripulación.

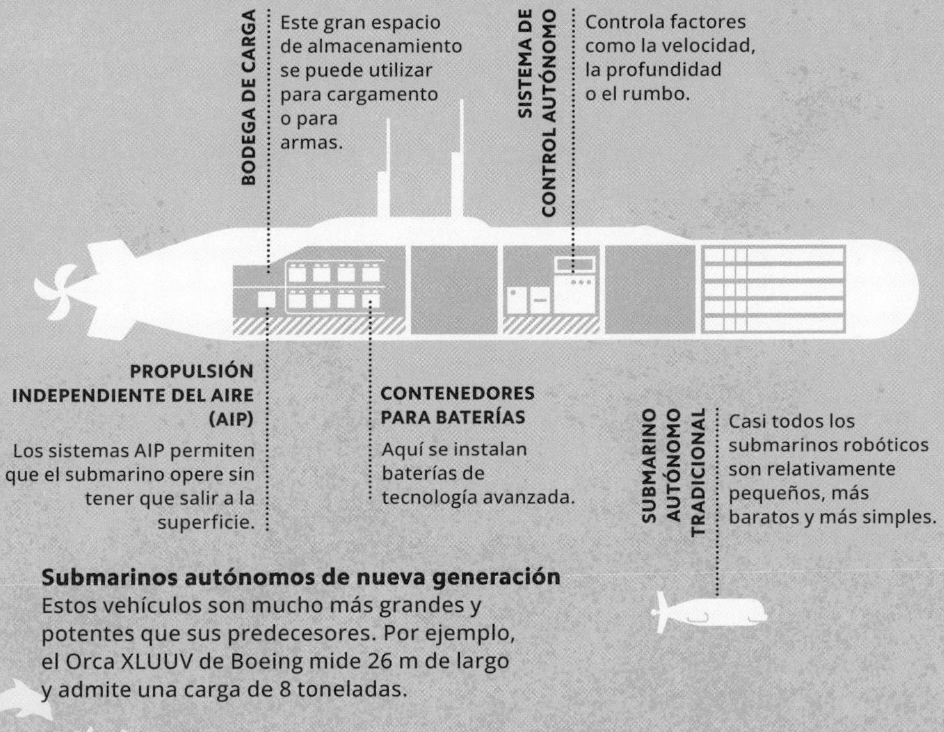

**BODEGA DE CARGA**
Este gran espacio de almacenamiento se puede utilizar para cargamento o para armas.

**SISTEMA DE CONTROL AUTÓNOMO**
Controla factores como la velocidad, la profundidad o el rumbo.

**PROPULSIÓN INDEPENDIENTE DEL AIRE (AIP)**
Los sistemas AIP permiten que el submarino opere sin tener que salir a la superficie.

**CONTENEDORES PARA BATERÍAS**
Aquí se instalan baterías de tecnología avanzada.

**SUBMARINO AUTÓNOMO TRADICIONAL**
Casi todos los submarinos robóticos son relativamente pequeños, más baratos y más simples.

**Submarinos autónomos de nueva generación**
Estos vehículos son mucho más grandes y potentes que sus predecesores. Por ejemplo, el Orca XLUUV de Boeing mide 26 m de largo y admite una carga de 8 toneladas.

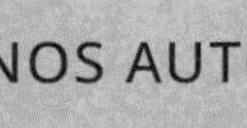

# TECNOLO LA INFOR

# GÍAS DE

# MACIÓN

**El futuro de la informática** va más allá del incremento exponencial de la potencia de los equipos. La computación «sin servidores» se aparta del carácter centralizado e inflexible de los sistemas de tecnologías de la información, y cada vez se automatizan más tareas a medida que se impone la IA. Es poco probable que las computadoras tradicionales, o «clásicas», basadas en silicio, dejen de utilizarse algún día, pero pronto podrían incorporar dispositivos que satisfagan la demanda de recursos de cálculo, como sistemas de computación óptica que funcionen un millón de veces más rápido, o medios de almacenamiento en ADN que preserven los datos durante miles de millones de años. Entretanto, las tecnologías cuánticas deparan encriptación imposible de descifrar, sensores ultraprecisos y computadoras capaces de resolver problemas «imposibles».

# EMULAR EL CEREBRO

La inteligencia artificial (IA) hace referencia a la capacidad de las máquinas para simular la inteligencia. La IA se puede usar para realizar tareas que tradicionalmente habrían requerido un intelecto humano, como tomar decisiones, traducir o reconocer imágenes. La IA actual está dominada por el aprendizaje de máquinas (véase

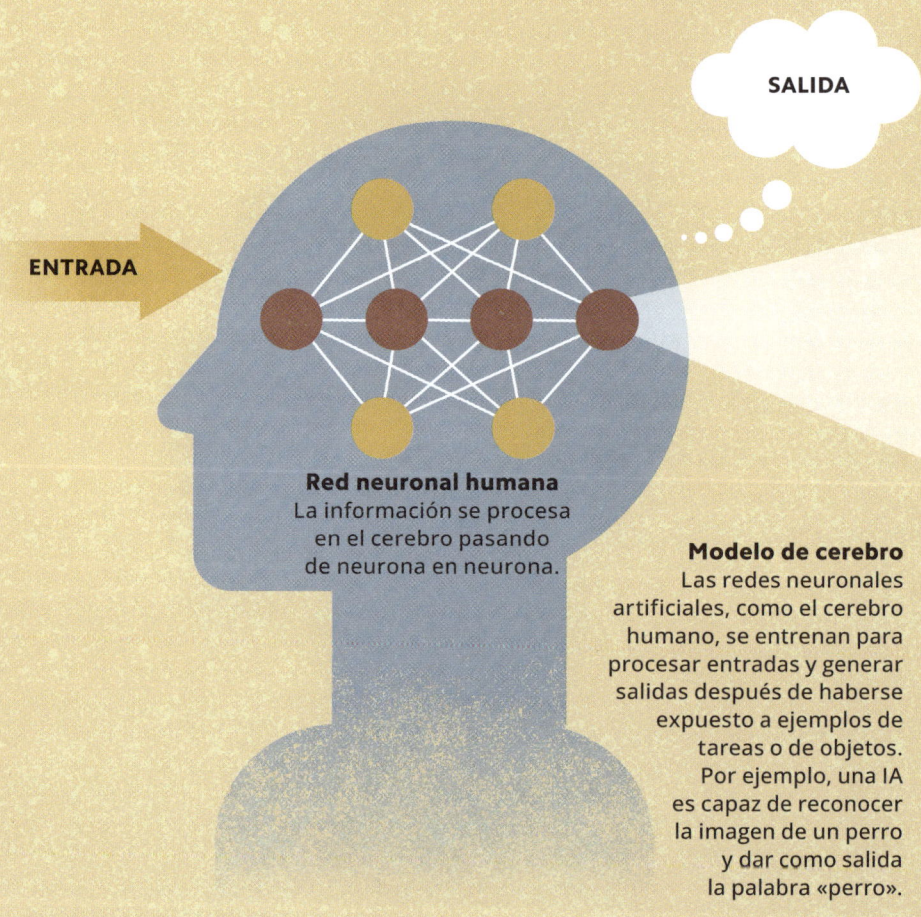

**SALIDA**

**ENTRADA**

**Red neuronal humana**
La información se procesa en el cerebro pasando de neurona en neurona.

**Modelo de cerebro**
Las redes neuronales artificiales, como el cerebro humano, se entrenan para procesar entradas y generar salidas después de haberse expuesto a ejemplos de tareas o de objetos. Por ejemplo, una IA es capaz de reconocer la imagen de un perro y dar como salida la palabra «perro».

p. siguiente), un enfoque que pretende que las computadoras «aprendan» a ejecutar tareas sin tener que programarlas para ello de manera explícita. La disponibilidad de grandes cantidades de datos y de potencia de cálculo para el entrenamiento ha permitido a la IA dar grandes pasos en años recientes (véanse pp. 76-77).

## NEURONA ARTIFICIAL

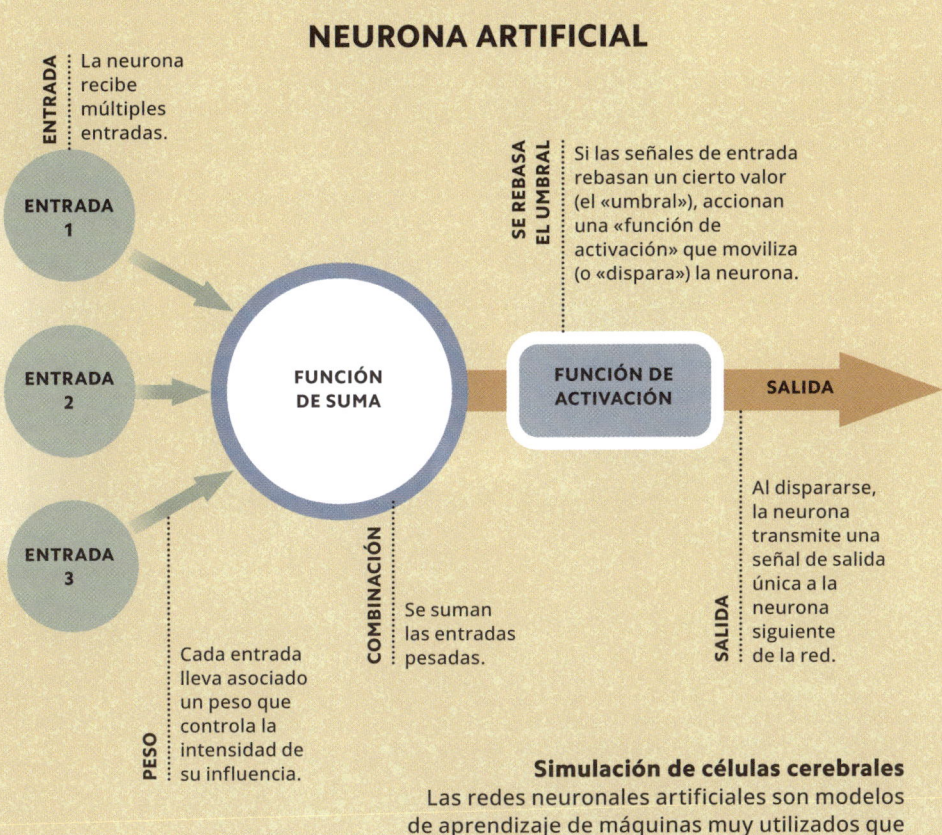

**ENTRADA** La neurona recibe múltiples entradas.

**ENTRADA 1**

**ENTRADA 2**

**ENTRADA 3**

**FUNCIÓN DE SUMA**

**SE REBASA EL UMBRAL** Si las señales de entrada rebasan un cierto valor (el «umbral»), accionan una «función de activación» que moviliza (o «dispara») la neurona.

**FUNCIÓN DE ACTIVACIÓN**

**SALIDA**

**PESO** Cada entrada lleva asociado un peso que controla la intensidad de su influencia.

**COMBINACIÓN** Se suman las entradas pesadas.

**SALIDA** Al dispararse, la neurona transmite una señal de salida única a la neurona siguiente de la red.

**Simulación de células cerebrales**
Las redes neuronales artificiales son modelos de aprendizaje de máquinas muy utilizados que se inspiran en la arquitectura de los cerebros. Se construyen con muchas neuronas artificiales interconectadas que se diseñan a partir del modelo de las neuronas biológicas.

# IA POR TODA PARTES

Las redes neuronales artificiales y otros modelos de IA pueden aprender a realizar algunas tareas igual de bien, si no mejor, que los humanos, si se les proporcionan datos de entrenamiento con calidad y cantidad suficientes. Estos modelos predominan tanto en la actualidad que la mayoría de las personas con acceso a computadoras los utilizan a diario sin siquiera darse cuenta, por ejemplo al recurrir a un motor de búsqueda. Aunque la IA es una tecnología de propósito general con muchos usos mundanos, continuamente se le encuentran aplicaciones nuevas y emocionantes. Por ejemplo, en 2021 se supo que una red neuronal llamada AlphaFold era capaz de predecir la estructura tridimensional de casi cualquier proteína conocida.

## Arquitectura de las redes neuronales

Estas redes constan de neuronas artificiales organizadas en capas. Las señales acceden por la capa de entrada y recorren capas «ocultas» hasta llegar a la de salida.

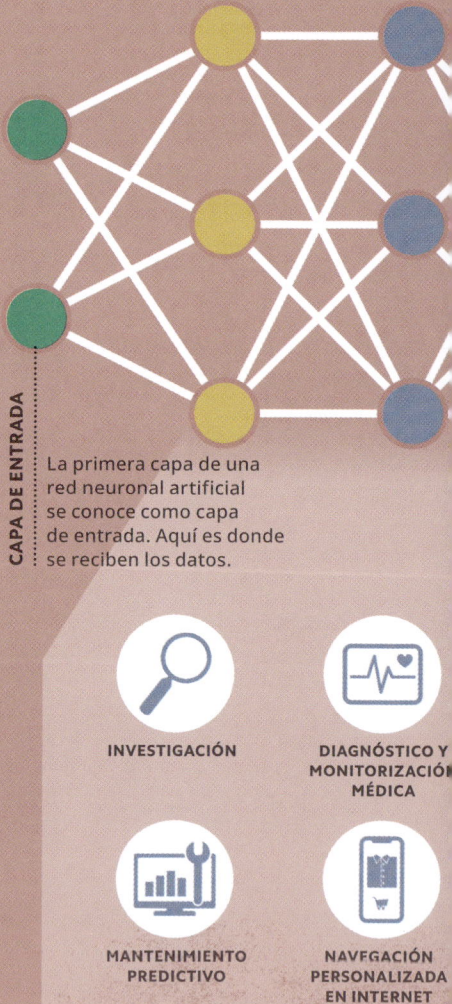

**CAPA OCULTA 1**

**CAPA OCULTA 2**

**CAPA DE ENTRADA**

La primera capa de una red neuronal artificial se conoce como capa de entrada. Aquí es donde se reciben los datos.

INVESTIGACIÓN

DIAGNÓSTICO Y MONITORIZACIÓN MÉDICA

MANTENIMIENTO PREDICTIVO

NAVEGACIÓN PERSONALIZADA EN INTERNET

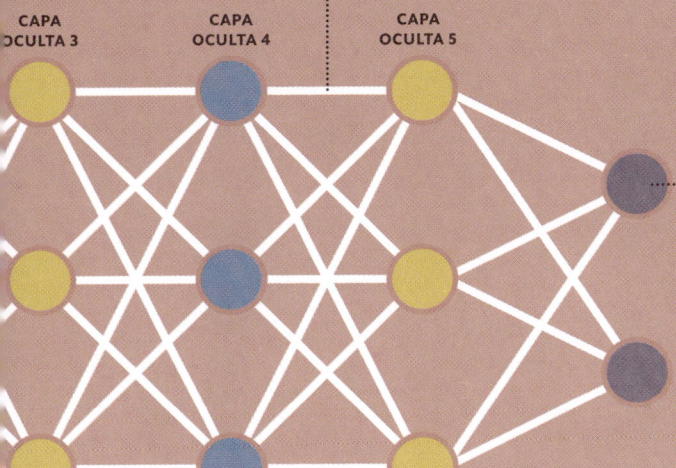

Cada capa «oculta» consta de neuronas conectadas que reciben datos, los procesan y los envían a la capa siguiente. Múltiples capas ocultas permiten a la red neuronal aprender relaciones complejas presentes en los datos. Los modelos de aprendizaje profundo utilizan numerosas capas ocultas.

CAPA OCULTA 3

CAPA OCULTA 4

CAPA OCULTA 5

**CAPA DE SALIDA**

Los resultados útiles se generan cuando los datos procesados alcanzan la capa de salida transformados tras su paso por las capas anteriores de neuronas.

# USOS DE IA

ROBOTS CON IA

ASISTENTES VIRTUALES

MEDIOS SINTÉTICOS

VEHÍCULOS SIN CONDUCTOR

RECONOCIMIENTO FACIAL

MERCADOS DE VALORES

DETECCIÓN DE AMENAZAS

ARMAS AUTÓNOMAS

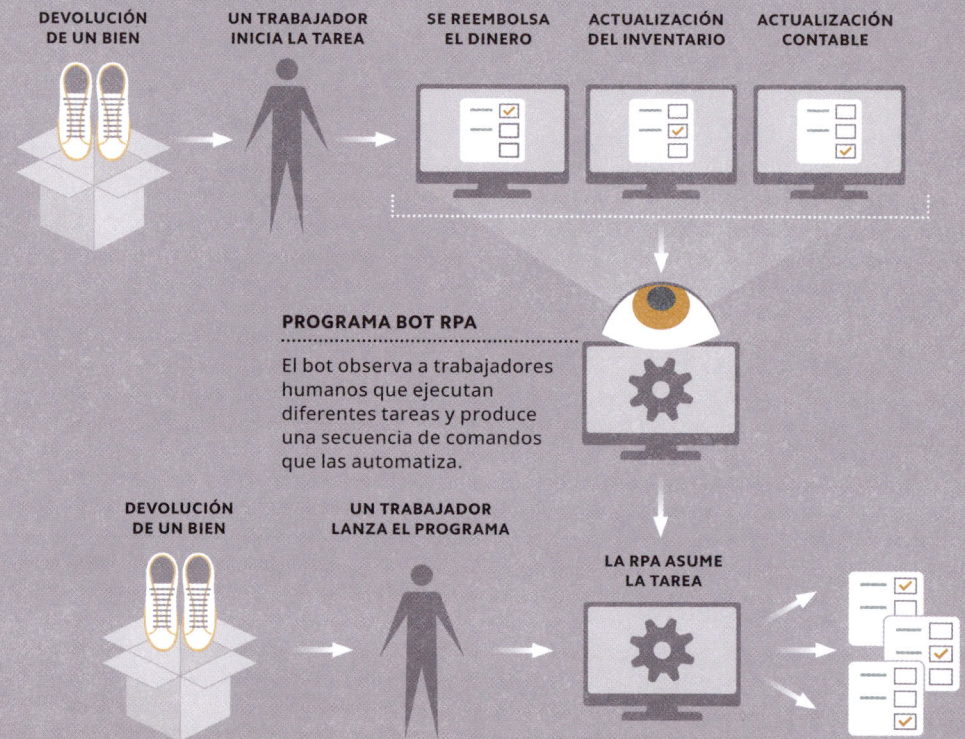

DEVOLUCIÓN DE UN BIEN

UN TRABAJADOR INICIA LA TAREA

SE REEMBOLSA EL DINERO

ACTUALIZACIÓN DEL INVENTARIO

ACTUALIZACIÓN CONTABLE

**PROGRAMA BOT RPA**

El bot observa a trabajadores humanos que ejecutan diferentes tareas y produce una secuencia de comandos que las automatiza.

DEVOLUCIÓN DE UN BIEN

UN TRABAJADOR LANZA EL PROGRAMA

LA RPA ASUME LA TAREA

# ROBOTS DE OFICINA

Se conoce como «automatización robótica de procesos» (RPA) a la técnica mediante la cual se mecaniza una serie de tareas repetitivas que implican el uso de computadoras, como la actualización de ficheros o la introducción de datos. Los «bots» son programas que emulan la interacción entre seres humanos y diversos sistemas informáticos a través de la preparación de una lista de tareas que se genera observando el quehacer de las personas que trabajan. Los bots realizan esas tareas de manera más rápida y fiable que los seres humanos y no necesitan descansar. Además, la automatización de acciones mecánicas tediosas libera a los trabajadores humanos para que se dediquen a actividades más complejas.

# CREACIÓN DE APLICACIONES ACCESIBLES

Las plataformas de desarrollo de programas de bajo código o sin código permite crear aplicaciones a personas que no tengan mucha experiencia programando computadoras. Ambos métodos proporcionan herramientas visuales intuitivas que sirven para producir el código fuente. Los sistemas de bajo código simplifican el proceso, aunque el usuario debe contar con algunos conocimientos básicos de programación. En los sistemas sin código no se escribe absolutamente nada del código fuente. Estas estrategias pueden ayudar a suplir la demanda de desarrolladores informáticos, pero tienen la limitación de que no son lo bastante flexibles como para programar tareas muy complejas. Por lo tanto, estas plataformas no van a sustituir el sistema tradicional de desarrollo de aplicaciones.

**PROGRAMACIÓN TRADICIONAL**

Un ingeniero de programación escribe el código fuente para una aplicación.

**BAJO CÓDIGO**

El usuario escribe parte del código fuente, pero recurre también a herramientas visuales (como menús desplegables de arrastrar y soltar).

**SIN CÓDIGO**

El usuario crea aplicaciones sencillas empleando tan solo herramientas visuales, sin necesidad de escribir nada de código fuente.

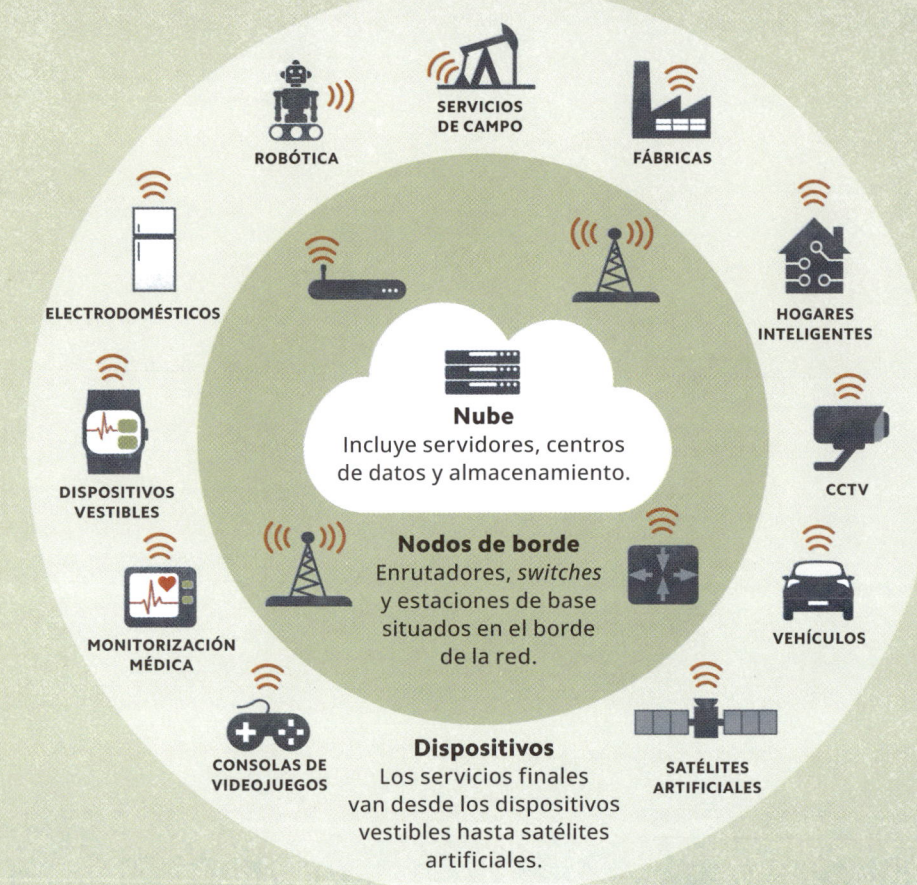

ROBÓTICA

SERVICIOS
DE CAMPO

FÁBRICAS

ELECTRODOMÉSTICOS

HOGARES
INTELIGENTES

**Nube**
Incluye servidores, centros
de datos y almacenamiento.

CCTV

DISPOSITIVOS
VESTIBLES

**Nodos de borde**
Enrutadores, *switches*
y estaciones de base
situados en el borde
de la red.

VEHÍCULOS

MONITORIZACIÓN
MÉDICA

CONSOLAS DE
VIDEOJUEGOS

**Dispositivos**
Los servicios finales
van desde los dispositivos
vestibles hasta satélites
artificiales.

SATÉLITES
ARTIFICIALES

# COMPUTACIÓN POR TODAS PARTES

La computación de borde, o computación perimetral, implica almacenar y procesar datos muy cerca del lugar donde se generan, bien sea en el propio dispositivo que los obtiene o en un «nodo de borde» local. Esto libera anchura de banda porque reduce el tráfico de información que va o viene de los centros de datos. Esto permite procesar datos con velocidades mucho mayores y en mayor cantidad, lo cual reduce el tiempo de latencia. Todo esto es crítico para muchas aplicaciones del internet de las cosas (véase p. 96). Por ejemplo, los vehículos sin conductor tienen que responder lo más rápido posible en la interacción con el entorno, porque cualquier retardo incrementa el riesgo de que suceda un accidente peligroso.

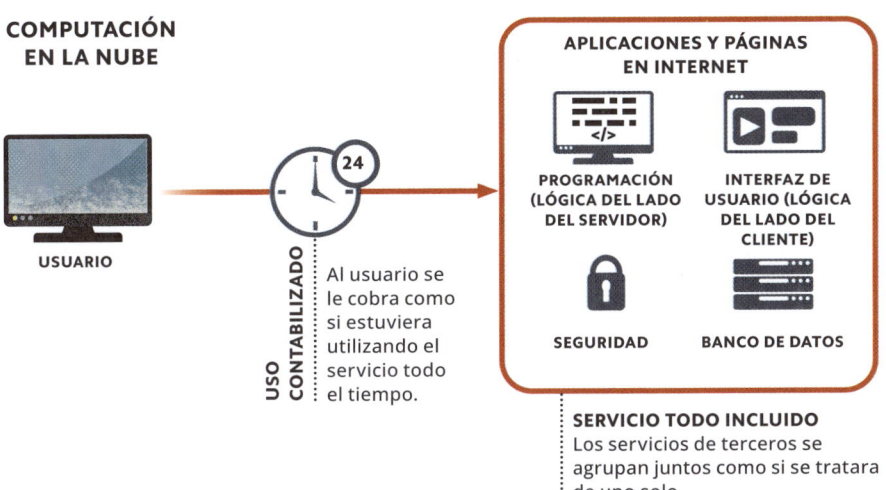

**COMPUTACIÓN EN LA NUBE**

USUARIO

**USO CONTABILIZADO**

Al usuario se le cobra como si estuviera utilizando el servicio todo el tiempo.

**APLICACIONES Y PÁGINAS EN INTERNET**

**PROGRAMACIÓN (LÓGICA DEL LADO DEL SERVIDOR)**

**INTERFAZ DE USUARIO (LÓGICA DEL LADO DEL CLIENTE)**

**SEGURIDAD**

**BANCO DE DATOS**

**SERVICIO TODO INCLUIDO**
Los servicios de terceros se agrupan juntos como si se tratara de uno solo.

# SERVIDORES DE PAGO POR USO

La programación en la nube permite al usuario acceder a recursos remotos alojados en servidores propiedad de una empresa proveedora. El servicio incluye el sistema que permite al programa o aplicación ejecutarse (la lógica del lado del servidor o de parte trasera), que trabaja combinada con una interfaz gráfica que se muestra en la pantalla de la computadora del usuario (lógica del lado del cliente o de parte delantera). En contraste, en la computación sin servidores, la empresa proveedora asigna los servicios bajo demanda. En lugar de pagar un canon fijo por los recursos, el usuario ahora paga tan solo por el uso real.

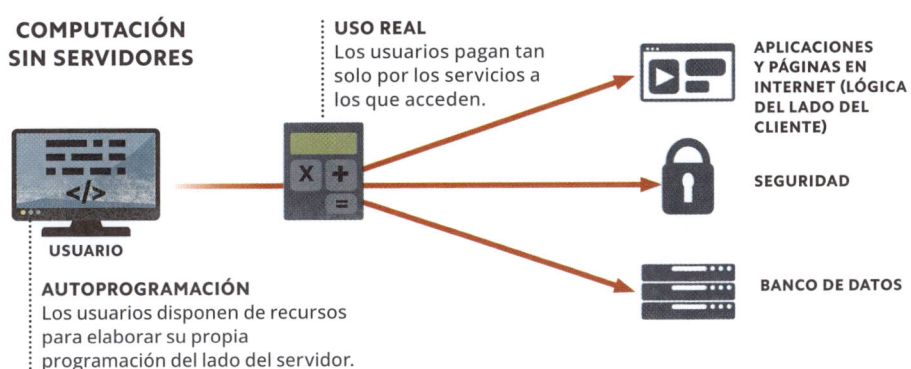

**COMPUTACIÓN SIN SERVIDORES**

USUARIO

**USO REAL**
Los usuarios pagan tan solo por los servicios a los que acceden.

**AUTOPROGRAMACIÓN**
Los usuarios disponen de recursos para elaborar su propia programación del lado del servidor.

**APLICACIONES Y PÁGINAS EN INTERNET (LÓGICA DEL LADO DEL CLIENTE)**

**SEGURIDAD**

**BANCO DE DATOS**

# CALCULAR CON LA LUZ

La computación óptica emplea la luz para ejecutar operaciones de cálculo. Muchas personas consideran este sistema una alternativa prometedora a la computación convencional, sobre todo porque recurrir a fotones en lugar de electrones para transmitir datos podría ampliar muchísimo la anchura de banda: varias corrientes de datos pueden procesarse a la vez si se usa luz de una frecuencia distinta para cada una de ellas. Las computadoras ópticas podrían trabajar, en teoría, hasta un millón de veces más rápido que sus equivalentes electrónicas. Sin embargo, todavía no está claro si la computación óptica podrá competir con las tecnologías convencionales para fines prácticos.

**DE LA COMPUTACIÓN MECÁNICA A LA ÓPTICA**

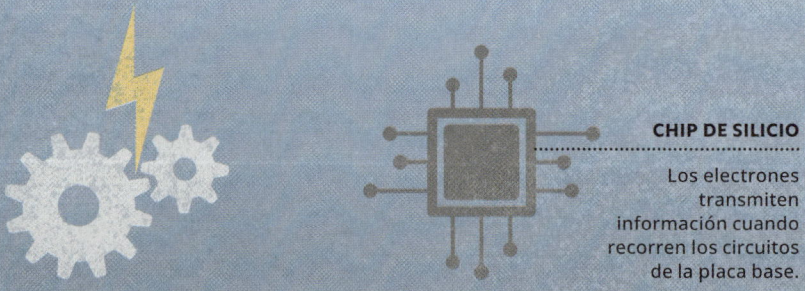

**CHIP DE SILICIO**

Los electrones transmiten información cuando recorren los circuitos de la placa base.

**Computación electromecánica**
Las primeras computadoras impulsadas por electricidad no utilizaban transistores ni otros dispositivos tan habituales hoy en día, sino que se componían de interruptores, ruedas dentadas y relés. Estuvieron en uso entre las décadas de 1940 y 1950.

**Computación electrónica**
Las computadoras electrónicas son la tecnología dominante y más usada en la actualidad. Procesan la información y ejecutan cálculos por medio de electrones en forma de corrientes eléctricas que recorren circuitos.

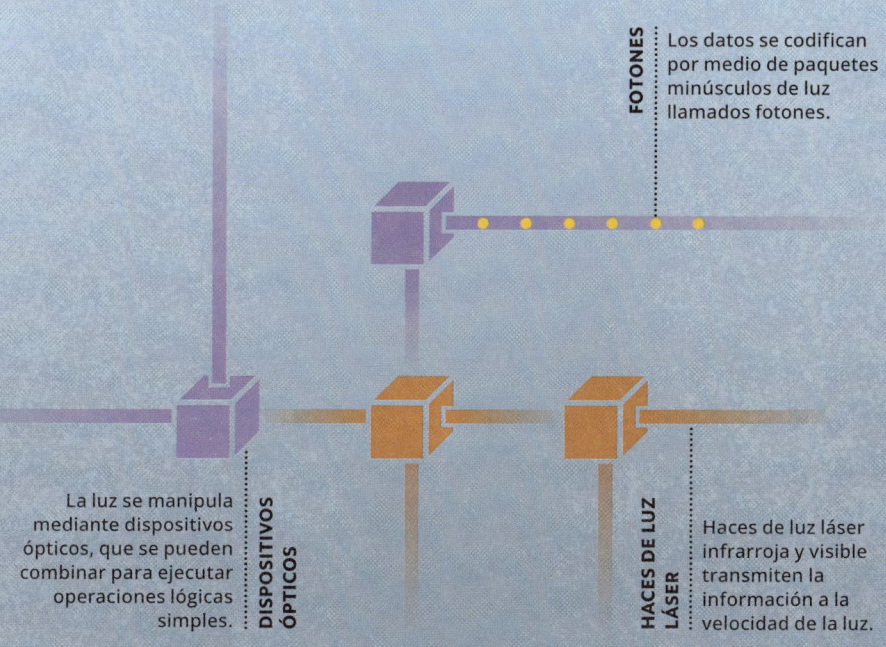

«[La tecnología óptica] tiene el potencial de cambiar el concepto que tenemos de la computación».

**Kerem Gülen, periodista**

**FOTONES**

Los datos se codifican por medio de paquetes minúsculos de luz llamados fotones.

**DISPOSITIVOS ÓPTICOS**

La luz se manipula mediante dispositivos ópticos, que se pueden combinar para ejecutar operaciones lógicas simples.

**HACES DE LUZ LÁSER**

Haces de luz láser infrarroja y visible transmiten la información a la velocidad de la luz.

## Computación óptica

Las computadoras ópticas se componen de dispositivos que manipulan luz para ejecutar cálculos digitales. Utilizan fotones en lugar de electrones, lo que permite mayor anchura de banda y menor tiempo de latencia (retardo).

# MÁS ALLÁ DEL DISCO DURO

Cada año se genera un volumen de datos de decenas de zettabytes (1 ZB = 1 000 000 000 000 000 000 000 bytes), y se espera que esta cifra vaya en aumento. Estas cantidades abrumadoras de información deben almacenarse de manera eficiente tanto en términos de espacio como de energía, pero también con seguridad, facilidad de acceso y estabilidad en el tiempo. Los medios de almacenamiento de datos

### Almacenamiento de datos

Los discos duros son el medio predominante de almacenamiento de datos, pero se están desarrollando sistemas con más capacidad y más eficientes.

### Almacenamiento *blockchain*

El almacenamiento *blockchain* (véase p. 102) guarda los datos en trozos («bloques») encriptados y enlazados. Se conservan en el espacio no utilizado de discos duros de computadoras conectadas a una red descentralizada. Esto puede ser más seguro que un centro de datos único que recurra a una sola tecnología y a una sola empresa.

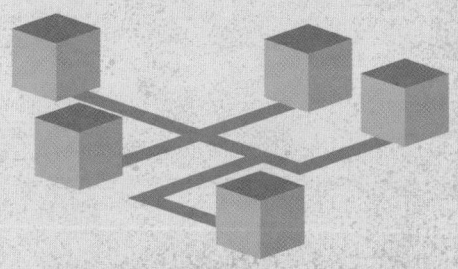

### Almacenamiento multinube

El almacenamiento de datos se puede compartir entre varios proveedores de servicios en la nube. Así se obtienen más flexibilidad y seguridad, a la vez que se limitan los riesgos de depender de un proveedor único.

### Almacenamiento en cristales

Los discos duros pueden fallar al cabo de tan solo unos pocos años, pero si los datos se guardan en cuarzo podrían permanecer estables durante miles de millones de años. Los datos se graban en un pequeño disco de cristal de cuarzo mediante un láser.

actuales, como los discos duros, guardan «bits» (los elementos de información más pequeños que puede procesar una computadora) en áreas minúsculas de un disco que gira. Pero este recurso podría resultar insuficiente en años venideros. Cubrir esta necesidad requiere innovar en almacenamiento de datos.

### Disco duro de helio

Si el aire que contiene un disco duro se sustituye por helio, mejoran sus prestaciones. Como el helio es mucho menos denso que el aire, se reducen el rozamiento del disco giratorio y la turbulencia a su alrededor, lo que permite almacenar más datos.

DISCO EN AIRE

DISCO EN HELIO

### Disco duro SMR

Los discos duros convencionales graban los datos en pistas que no se superponen, pero el registro magnético imbricado (SMR, «shigled magnetic recording») permite que quepan más pistas porque cada una de ellas se superpone ligeramente con las anteriores.

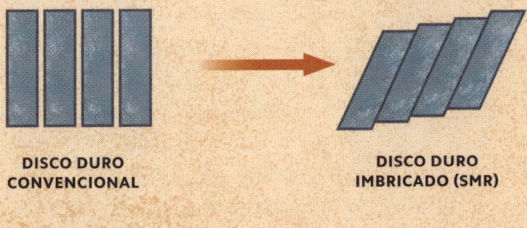

DISCO DURO CONVENCIONAL

DISCO DURO IMBRICADO (SMR)

### Almacenamiento de ADN

Los datos se pueden codificar en hebras sintéticas de ADN que más tarde se pueden descodificar. El proceso implica convertir los datos en una secuencia de las cuatro bases del ADN (A, C, G y T) y sintetizar ADN que tenga esa secuencia que luego se puede almacenar, lo que permite una acumulación muy densa de información.

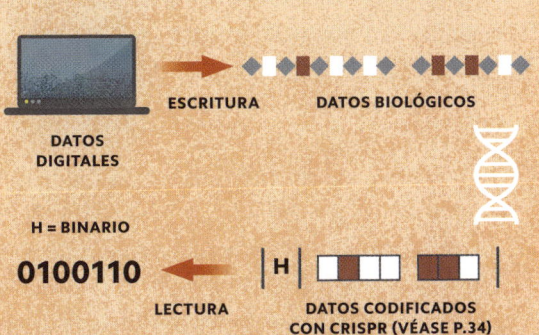

DATOS DIGITALES

ESCRITURA

DATOS BIOLÓGICOS

H = BINARIO

**0100110**

LECTURA

H

DATOS CODIFICADOS CON CRISPR (VÉASE P.34)

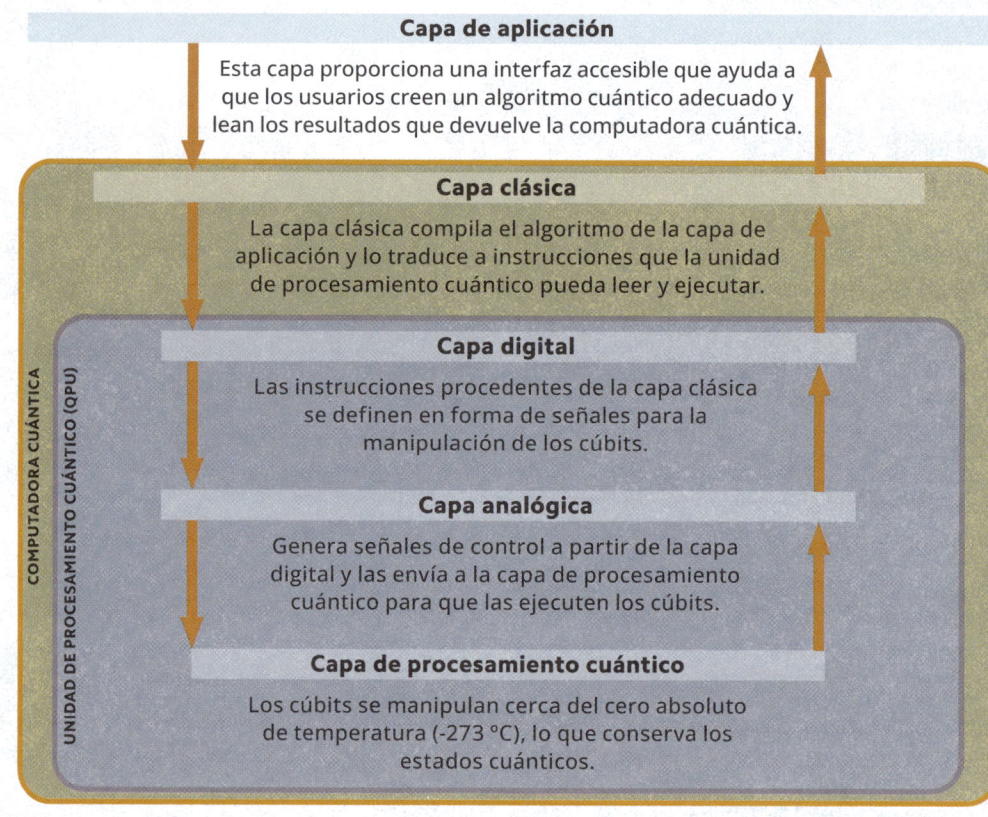

**Capa de aplicación**

Esta capa proporciona una interfaz accesible que ayuda a que los usuarios creen un algoritmo cuántico adecuado y lean los resultados que devuelve la computadora cuántica.

**Capa clásica**

La capa clásica compila el algoritmo de la capa de aplicación y lo traduce a instrucciones que la unidad de procesamiento cuántico pueda leer y ejecutar.

**Capa digital**

Las instrucciones procedentes de la capa clásica se definen en forma de señales para la manipulación de los cúbits.

**Capa analógica**

Genera señales de control a partir de la capa digital y las envía a la capa de procesamiento cuántico para que las ejecuten los cúbits.

**Capa de procesamiento cuántico**

Los cúbits se manipulan cerca del cero absoluto de temperatura (-273 °C), lo que conserva los estados cuánticos.

COMPUTADORA CUÁNTICA

UNIDAD DE PROCESAMIENTO CUÁNTICO (QPU)

# RESOLVER LO IMPOSIBLE

Una computadora cuántica aprovecha el comportamiento de la materia a escala minúscula, o «cuántica», y trabaja con átomos o partículas subatómicas (como protones o electrones) para resolver problemas. Esto le confiere capacidad para ejecutar tareas que resultan casi imposibles para las computadoras clásicas (que manipulan datos en forma de «bits» representados o bien por «0» o bien por «1»), desde la simulación de sistemas físicos complejos hasta el descifrado de protocolos de encriptación. Sin embargo, construir y poner en funcionamiento una computadora cuántica sigue planteando un desafío de ingeniería formidable, y los ordenadores clásicos todavía ofrecen prestaciones mejores que los cuánticos para fines prácticos.

# EN TODOS SITIOS A LA VEZ

La unidad básica de información de la computación clásica es el bit, un dígito binario que solo puede existir en uno de sus dos estados posibles, representados como «0» o «1». La unidad básica de la computación cuántica es el bit cuántico, o «cúbit», que se almacena en una partícula subatómica. Los cúbits existen en dos estados distintos a la vez («superposición»). Al efectuar la medida (la manipulación de los cúbits para obtener un resultado numérico) la superposición se colapsa y deja el cúbit en un único estado. Esta superposición o entrelazamiento vuelve las computadoras cuánticas más potentes que las clásicas.

### Bits

La computación clásica se basa en la manipulación de bits. Un bit puede existir o bien en un estado o bien en otro, representados por «0» o «1».

**0**

**1**

**APAGADO**  **ENCENDIDO**

### Cúbits

La computación cuántica se basa en la manipulación de cúbits. A diferencia de un bit, un cúbit puede existir no solo en uno de los dos estados, sino también en una combinación de ambos al mismo tiempo.

**0**

CÚBIT

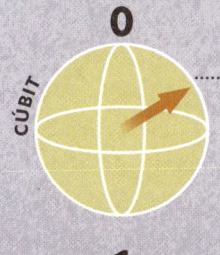

**1**

**SUPERPOSICIÓN**

Los cúbits pueden representar dos estados («0» y «1») al mismo tiempo.

CÚBIT

QÚBIT

**ENTRELAZAMIENTO**

Los cúbits presentan un comportamiento aleatorio, pero es posible «entrelazarlos» de manera que el estado de uno dependa del estado de otro. Esto vuelve predecibles los cúbits e incrementa la velocidad de procesamiento de las computadoras.

# LO CUÁNTICO EN LA PRÁCTICA

Las computadoras cuánticas aún carecen casi por completo de aplicaciones prácticas, a pesar de los avances logrados en el desarrollo de la delicada maquinaria que precisan. Buena parte de la investigación en este campo se centra en encontrar esas aplicaciones. Pueden resultar esenciales para resolver problemas que involucren una gran cantidad de opciones: las computadoras clásicas tienen que valorar cada alternativa una a una, mientras que un ordenador cuántico podría considerar muchas de ellas a la vez. Esto podría transformar la criptografía, que se basa sobre todo en problemas matemáticos cuya resolución resulta imposible en la práctica para las computadoras clásicas.

**En busca de trabajos**
Por ahora hay pocas aplicaciones prácticas para las computadoras cuánticas, más allá de campos como la combinatoria o la generación de números aleatorios.

**COMBINATORIA**

Las computadoras clásicas tardan mucho tiempo en ejecutar cálculos combinatorios, porque trabajan con una miríada de permutaciones hasta encontrar la solución. Las computadoras cuánticas podrían lograrlo mucho más rápido.

**GENERACIÓN DE NÚMEROS ALEATORIOS**

Generar números realmente aleatorios resulta útil en simulaciones por computadora, en técnicas de aprendizaje de máquinas (véase p. 75), en criptografía (véase p. 90) y en juegos, entre otras áreas.

# CLÁSICO *VS.* CUÁNTICO

La supremacía cuántica es el objetivo simbólico de la computación cuántica: demostrar que un ordenador cuántico es capaz de resolver problemas imposibles para los sistemas clásicos. Hay dos dificultades principales para alcanzar la supremacía cuántica: una consiste en hallar un problema en el que la computación cuántica suponga una ventaja definitiva; y la segunda está en construir una computadora cuántica con un número elevado de cúbits y que evite la decoherencia, o sea, la interacción entre los cúbits y su entorno (véase p. 87), lo que introduce perturbaciones y provoca pérdida de información.

**¿Problemas de una magnitud imposible?**
Hay problemas que a medida que crecen consumen un tiempo de cálculo y unos recursos que crecen de manera exponencial con computadoras clásicas. En teoría, las computadoras cuánticas serían mucho más eficientes.

**SOLUCIONES ULTRARRÁPIDAS**
Hay problemas que una computadora cuántica podría resolver en pocos minutos pero que tendrían ocupado un ordenador clásico durante miles de años.

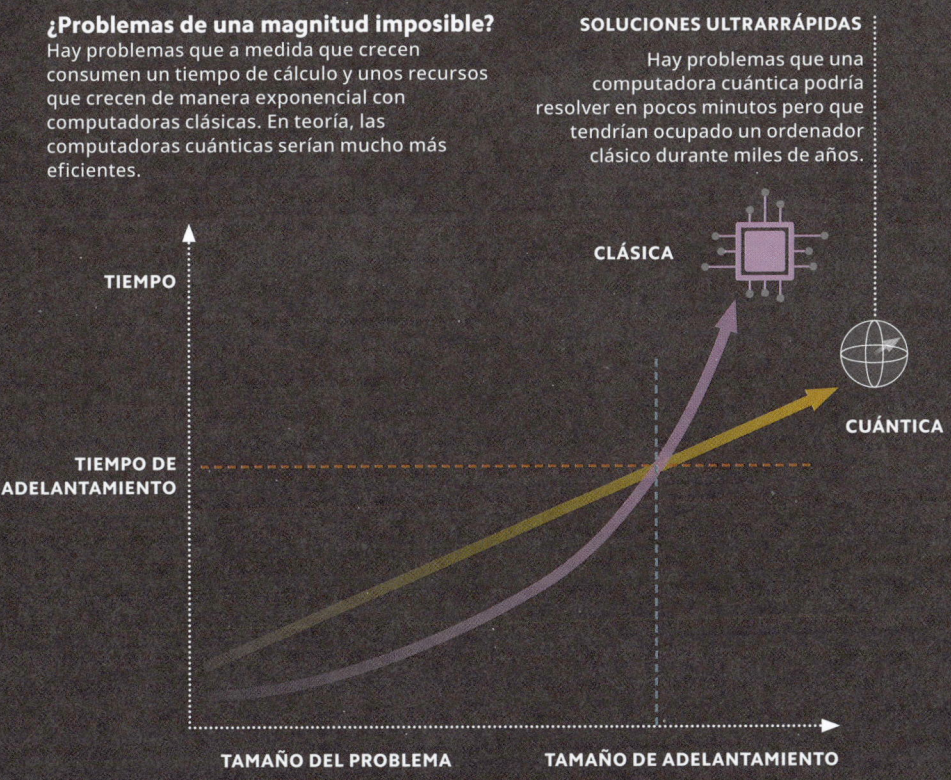

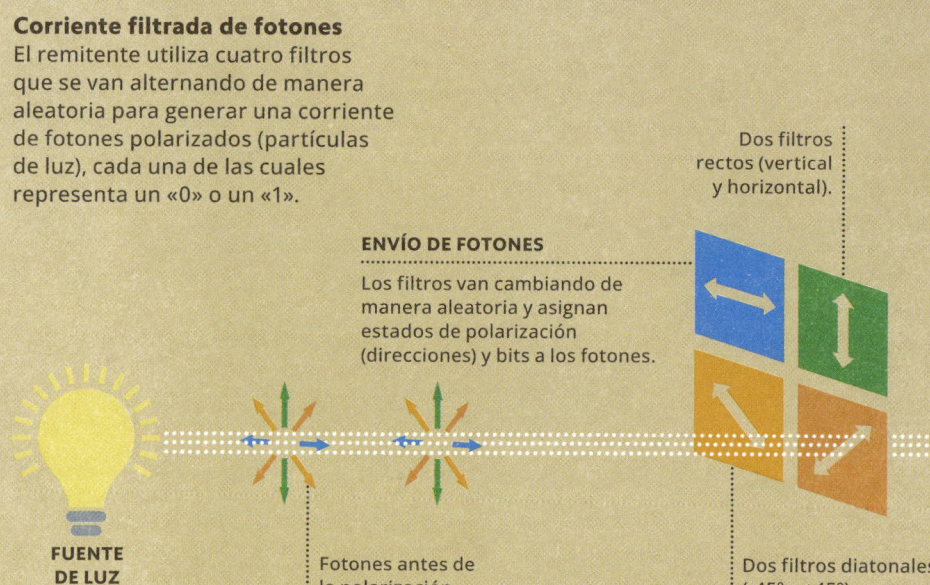

**Corriente filtrada de fotones**

El remitente utiliza cuatro filtros que se van alternando de manera aleatoria para generar una corriente de fotones polarizados (partículas de luz), cada una de las cuales representa un «0» o un «1».

**ENVÍO DE FOTONES**

Los filtros van cambiando de manera aleatoria y asignan estados de polarización (direcciones) y bits a los fotones.

Dos filtros rectos (vertical y horizontal).

**FUENTE DE LUZ**

Fotones antes de la polarización.

Dos filtros diatonales (-45° y +45°).

# CÓDIGOS INEXPUGNABLES

La criptografía consiste en reescribir datos de manera que solo alguien que disponga de la «clave» adecuada los pueda recuperar. La criptografía cuántica se considera más segura que la criptografía clásica porque basa su fortaleza en las leyes de la física, más que en la complejidad de un problema matemático. El ejemplo más conocido es el de la distribución de claves cuánticas, en el que emisor y receptor intercambian partículas en determinados estados cuánticos (que representan bits) para generar una clave secreta. La medición de un estado cuántico lo perturba, así que si un jáquer intercepta las partículas es detectado en el acto.

**CONTROL DE SEGURIDAD**
Cualquier intruso perturbará el estado de los fotones con el mero gesto de observarlos, lo cual garantiza que no puedan interceptarse.

**RECEPCIÓN DE FOTONES**
El receptor va alternando de manera aleatoria entre filtros rectos y diagonales y así los filtra a su llegada.

**POLARIZADO**
El fotón ha pasado a través del filtro diagonal de +45º, así que queda polarizado con esa dirección.

**FILTRO RECTO**

**FILTRO DIAGONAL**

**SUCESIÓN DE FOTONES**

1 1 0 0 1 0 1

**SUCESIÓN DE BITS**

Filtros que el receptor ha aplicado de forma aleatoria.

0 1 1 0 1 1 1

Valor del bit que detecta el receptor.

**COMPATIBILIDAD**

**CLAVE**

— 1 — 0 1 — 1

**NO ENCAJAN**
El emisor polarizó el fotón con el filtro diagonal de +45º, pero el receptor lo hizo pasar por un filtro recto, así que obtuvo un resultado erróneo. Emisor y receptor comparan los filtros usados y así descartan el resultado.

**ENCAJAN**
Tanto el emisor como el receptor aplicaron filtros rectos, así que obtienen el mismo resultado. Este resultado pasa a formar parte de la clave que se utilizará para encriptar y desencriptar mensajes que circularán por vías clásicas.

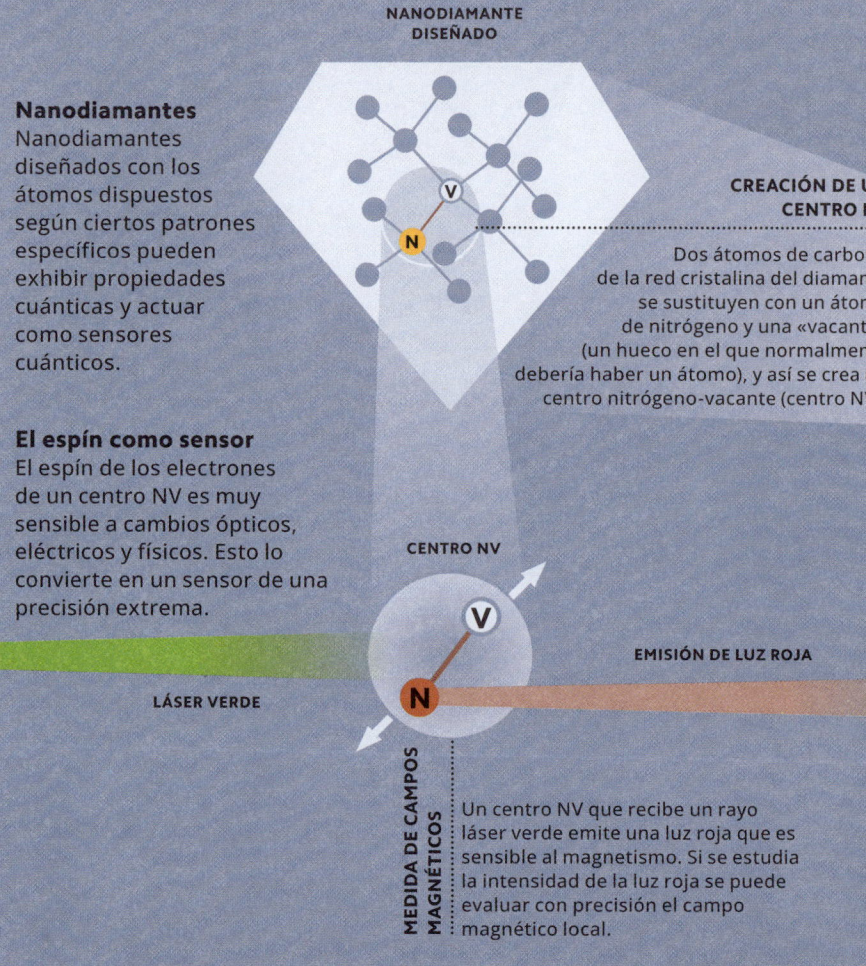

**NANODIAMANTE**
**DISEÑADO**

## Nanodiamantes

Nanodiamantes diseñados con los átomos dispuestos según ciertos patrones específicos pueden exhibir propiedades cuánticas y actuar como sensores cuánticos.

**CREACIÓN DE UN**
**CENTRO NV**

Dos átomos de carbono de la red cristalina del diamante se sustituyen con un átomo de nitrógeno y una «vacante» (un hueco en el que normalmente debería haber un átomo), y así se crea un centro nitrógeno-vacante (centro NV).

## El espín como sensor

El espín de los electrones de un centro NV es muy sensible a cambios ópticos, eléctricos y físicos. Esto lo convierte en un sensor de una precisión extrema.

**CENTRO NV**

**EMISIÓN DE LUZ ROJA**

**LÁSER VERDE**

**MEDIDA DE CAMPOS MAGNÉTICOS**

Un centro NV que recibe un rayo láser verde emite una luz roja que es sensible al magnetismo. Si se estudia la intensidad de la luz roja se puede evaluar con precisión el campo magnético local.

# DETECTORES DELICADOS

Aunque la sensibilidad de los estados cuánticos plantea desafíos a la hora de construir computadoras cuánticas, esta misma circunstancia resulta ideal para efectuar medidas. Los sensores cuánticos como los centros CV creados expresamente en el seno de nanodiamantes aprovechan los fenómenos cuánticos para evaluar

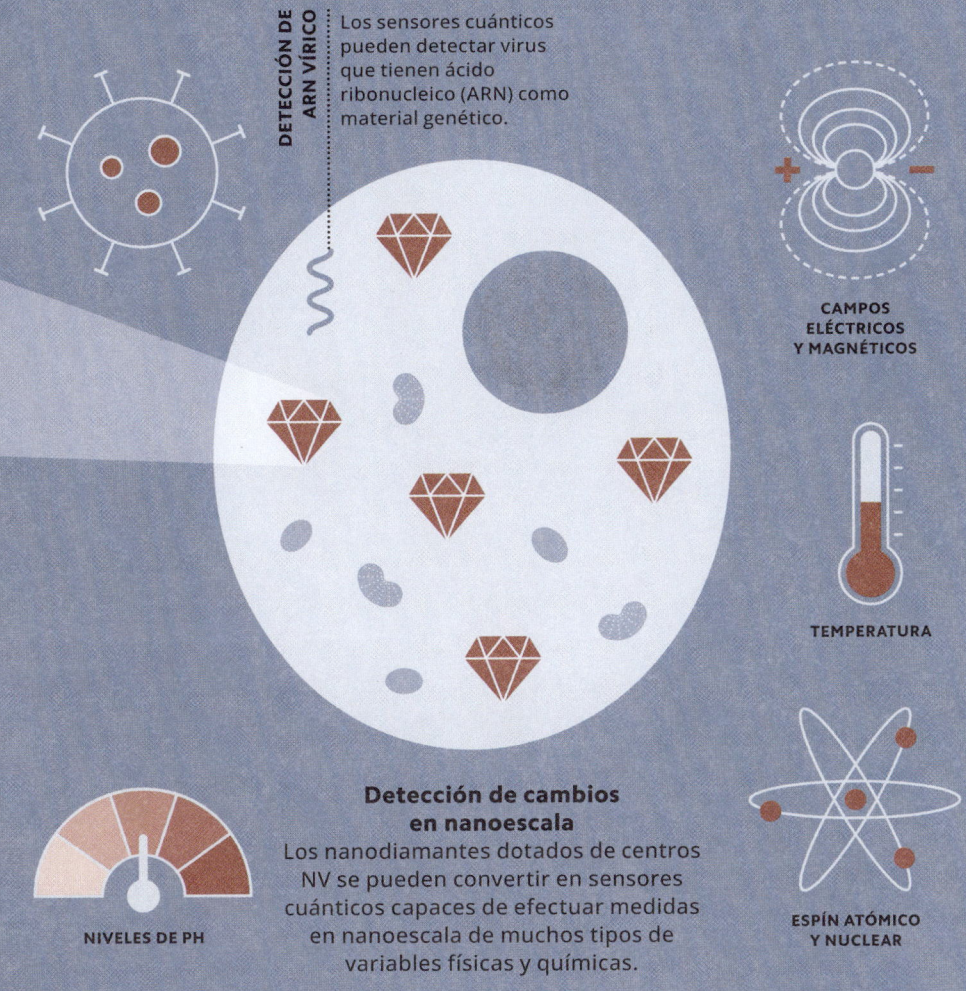

**DETECCIÓN DE ARN VÍRICO**
Los sensores cuánticos pueden detectar virus que tienen ácido ribonucleico (ARN) como material genético.

**CAMPOS ELÉCTRICOS Y MAGNÉTICOS**

**TEMPERATURA**

**Detección de cambios en nanoescala**
Los nanodiamantes dotados de centros NV se pueden convertir en sensores cuánticos capaces de efectuar medidas en nanoescala de muchos tipos de variables físicas y químicas.

**NIVELES DE PH**

**ESPÍN ATÓMICO Y NUCLEAR**

variables (como campos eléctricos o magnéticos o niveles de acidez) con una precisión muy superior a la de los dispositivos clásicos. La investigación actual en sensores cuánticos incluye el seguimiento de la actividad neuronal a través de la medición de los campos magnéticos minúsculos que se generan con los flujos eléctricos cerebrales.

# COMUNIC
## Y
## MEDIOS

# ACIONES

**En la actualidad hay decenas de miles de millones** de dispositivos que intercambian información a través de infraestructuras de comunicaciones en crecimiento continuo, como la red 5G o los satélites. Esto se conoce como el internet de las cosas. El internet «original» está entrando en una fase nueva en la que se volverá más descentralizado y democrático y en la que se utilizarán tecnologías como la *blockchain* para el control distribuido. Se difumina la frontera entre el cuerpo y la máquina a medida que se introducen experiencias que van más allá de la pantalla de un teléfono o de una computadora. Los dispositivos como los cascos de realidad virtual nos sumergen en mundos virtuales en los que se integran datos tomados del cuerpo. Se considera posible, incluso, vivir en el seno de computadoras a lo largo de su existencia.

# UNA VIDA CONECTADA

El internet de las cosas hace referencia al conjunto siempre creciente de los miles de millones de objetos que incluyen sensores, actuadores y dispositivos de comunicación. Esto permite monitorizar y controlar el mundo físico cada vez más. Por ejemplo, los «hogares inteligentes» pueden incluir monitores de la calidad del aire para emitir diagnósticos detallados y recomendaciones o permitir encender el horno por control remoto a través de una aplicación. El internet de las cosas incluye también las ciudades inteligentes (véase p. 142) y la agricultura de precisión (véase p. 47).

**PRIVACIDAD**
Las ventanas cuentan con una «película inteligente» que controla la transparencia.

**MANTENIMIENTO**
Sensores que monitorizan las paredes en busca de daños causados por la humedad o por plagas.

**VEHÍCULO CONECTADO**
Un automóvil con acceso a internet puede conectarse con otros.

**SEGURIDAD**
Cerraduras de puerta inteligentes recurren a reconocimiento facial.

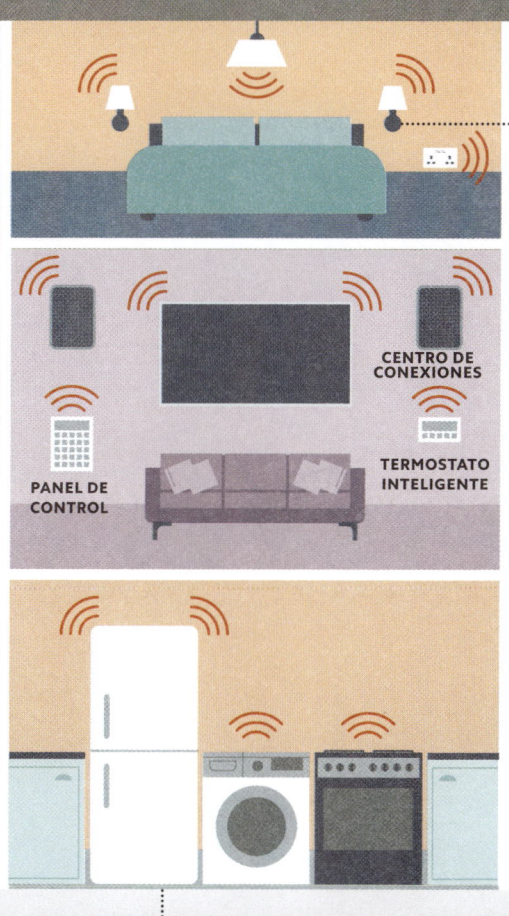

**SUPERVISIÓN DEL USO
DE DISPOSITIVOS**

La iluminación
inteligente se enciende
y apaga cuando es
necesario, mientras que
los enchufes inteligentes
controlan el suministro
eléctrico de todos los
dispositivos.

**CENTRO DE
CONEXIONES**

**PANEL DE
CONTROL**

**TERMOSTATO
INTELIGENTE**

**CONTROL REMOTO**

Los dispositivos de
un hogar inteligente
se pueden comprobar
y controlar a través de
las distintas aplicaciones.
Esto permite acceder
a ellos desde cualquier
lugar del mundo.

**COCINA
INTELIGENTE**

Muchos electrodomésticos de la cocina
se pueden controlar a distancia.
Algunos de ellos llevan inteligencia
artificial incorporada como, por
ejemplo, una nevera que «ve» lo
que contiene y propone recetas.

> «Una red de telecomunicaciones que conecta cualquier parte del mundo con todas las demás de manera casi instantánea».
>
> David Bohm, científico

## COBERTURA SATELITAL EN CRECIMIENTO

Hay unos 7.000 satélites activos en órbita, siete veces más que en 2020. Más de la mitad del total proporciona acceso a internet.

**ANTENA PARABÓLICA CONECTADA AL ENRUTADOR**

**PROVEEDOR DE SERVICIOS DE INTERNET**

# EL INTERNET DE LA ERA ESPACIAL

Un satélite puede establecer un canal de comunicación entre dos puntos de la Tierra alejados entre sí ejerciendo como repetidor y amplificador de la señal de radio entre el aparato emisor y el receptor. Esto permite una comunicación inalámbrica que de otro modo se vería obstaculizada por la curvatura de la Tierra. Aunque hace décadas que existen los satélites de telecomunicaciones, hace muy poco que se dispone de un gran número de satélites capaces de establecer estos enlaces. El acceso a internet vía satélite se apoya cada vez más en constelaciones de satélites (véase p.siguiente) y es útil en zonas rurales que cuentan con infraestructuras de red terrestre escasas o inexistentes.

# COBERTURA GLOBAL

Una constelación de satélites es un conjunto de satélites artificiales que operan como un sistema único. Un solo satélite proporcionaría cobertura limitada, pero toda una constelación logra cobertura global. Quizá la constelación más conocida sea la de los sistemas de posicionamiento global (como GPS), que sirven de ayuda para la navegación al ubicar emplazamientos en la Tierra mediante más de 30 satélites. Pero hay constelaciones mucho más numerosas: Starlink, que proporciona acceso a internet, cuenta con miles de satélites. Este y otros proyectos de constelaciones de satélites han sido posibles gracias a la reducción de los costes de lanzamiento, sobre todo debido al empleo de cohetes reutilizables (véase p. 69).

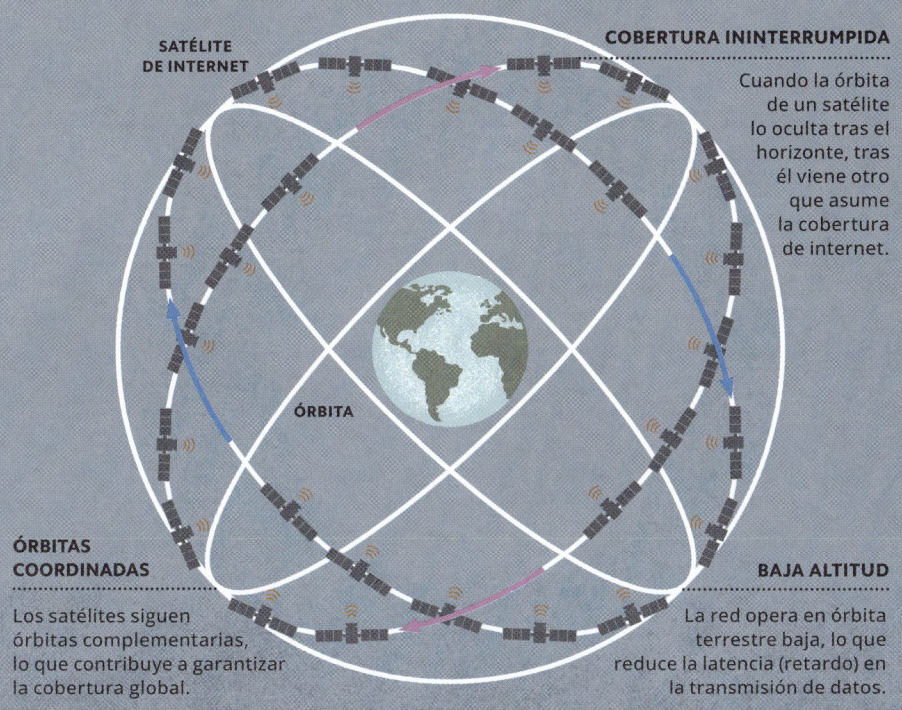

**SATÉLITE DE INTERNET**

**COBERTURA ININTERRUMPIDA**

Cuando la órbita de un satélite lo oculta tras el horizonte, tras él viene otro que asume la cobertura de internet.

**ÓRBITA**

**ÓRBITAS COORDINADAS**

Los satélites siguen órbitas complementarias, lo que contribuye a garantizar la cobertura global.

**BAJA ALTITUD**

La red opera en órbita terrestre baja, lo que reduce la latencia (retardo) en la transmisión de datos.

**CONECTIVIDAD DEPENDIENTE DEL ALUMBRADO**

Los dispositivos tienen acceso a la red mientras se encuentren bañados en un haz de luz.

ALUMBRADO PÚBLICO LIFI

**Aplicaciones futuras**

El sistema lifi podría utilizar las fuentes de luz del alumbrado artificial para satisfacer la demanda de anchura de banda de muchos dispositivos en entornos urbanos. El alumbrado público, los televisores y otros dispositivos equipados con luces LED se podrían utilizar para proporcionar acceso a internet.

**INTERACCIÓN EN LA CARRETERA**

El semáforo se comunica con los vehículos, y los automóviles se conectan unos con otros.

# HABLAR CON LUZ

La tecnología wifi utiliza enrutadores y ondas de radio para la comunicación inalámbrica, mientras que la lifi recurre a luces LED y ondas luminosas. Los LED canalizan el flujo de datos en forma de señales luminosas que parpadean a un ritmo imperceptible para la vista humana. La luz se convierte más tarde en datos electrónicos en el interior del dispositivo de la persona usuaria. La tecnología lifi permite una transmisión de datos más veloz que la wifi y posee mayor anchura de banda, aparte de alcanzar lugares donde la señal wifi no llega, como debajo del agua. Todavía no se ha extendido mucho el uso del lifi, pero esta tecnología despierta bastante interés.

# ¿LA RED DEL FUTURO?

Internet ha atravesado dos fases principales. La web 1.0 ofrecía contenidos para su consumo en páginas estáticas, mientras que en la web 2.0 el usuario puede crear y consumir contenidos albergados en plataformas centralizadas. La web 3.0 se caracteriza por la descentralización, con el uso generalizado de la tecnología *blockchain* (véase p. 102) y la inteligencia artificial (véanse pp. 76-77). Sin embargo, se debate cómo definir la web 3.0 y si alguna de esas definiciones describe la dirección en la que está avanzando realmente internet. Por ejemplo, más que diversificar parece estar centralizándose cada vez más, al tiempo que está dominada por un número reducido de empresas tecnológicas.

## ¿Adónde va la web 3.0?
A pesar de la variedad de definiciones incompatibles, los rasgos clave de la web 3.0 guardan relación con proporcionar al usuario un mayor control individual.

## DESCENTRALIZACIÓN

Las redes P2P («peer-to-peer»), como las que utiliza la *blockchain,* eluden la supervisión por parte de entidades superiores centralizadas.

## CONECTIVIDAD

La información está accesible a través de gran cantidad de dispositivos conectados (véase p. 96).

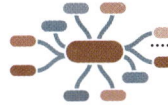

## RED SEMÁNTICA

Las máquinas son capaces de «comprender» la información que hay en internet.

## GRÁFICAS 3D

Las técnicas de visualización tridimensional proliferan, sobre todo en los «mundos virtuales» (véase p. 105).

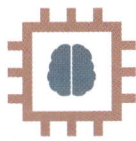

## INTELIGENCIA ARTIFICIAL Y APRENDIZAJE DE MÁQUINAS

Las tecnologías de inteligencia artificial, como la IA generativa (véase p. 104) se integran en internet.

## SIN PERMISOS

La participación no requiere autorización de una entidad central.

# BLOQUE A BLOQUE

Un libro mayor, o *ledger,* es un banco de datos distribuido que se almacena entre varias computadoras situadas en lugares diferentes. Su uso más conocido es la *blockchain* (o cadena de bloques): un banco de datos descentralizado formado por registros (o «bloques») enlazados mediante criptografía, que no se pueden modificar sin un consenso entre todos. La *blockchain* suele asociarse a las criptomonedas, en las que cada transacción se registra en la *blockchain* correspondiente. También se usa en la gestión de la cadena de suministros, para garantizar, por ejemplo, que los diamantes proceden de fuentes éticas.

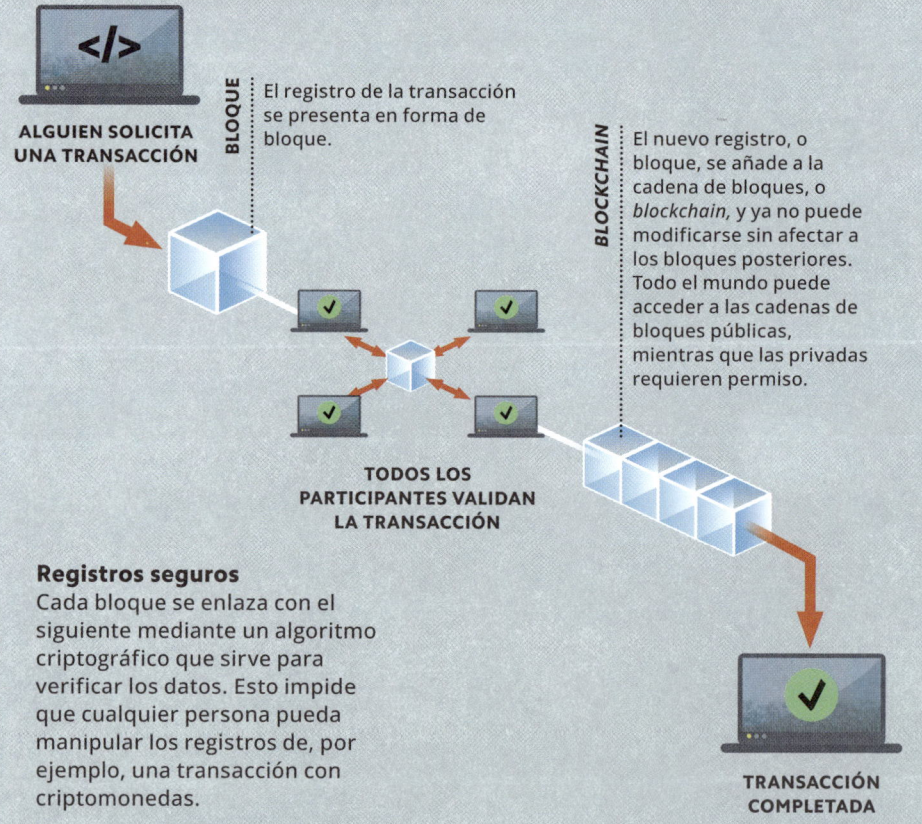

**ALGUIEN SOLICITA UNA TRANSACCIÓN**

**BLOQUE**
El registro de la transacción se presenta en forma de bloque.

**BLOCKCHAIN**
El nuevo registro, o bloque, se añade a la cadena de bloques, o *blockchain,* y ya no puede modificarse sin afectar a los bloques posteriores. Todo el mundo puede acceder a las cadenas de bloques públicas, mientras que las privadas requieren permiso.

**TODOS LOS PARTICIPANTES VALIDAN LA TRANSACCIÓN**

**Registros seguros**
Cada bloque se enlaza con el siguiente mediante un algoritmo criptográfico que sirve para verificar los datos. Esto impide que cualquier persona pueda manipular los registros de, por ejemplo, una transacción con criptomonedas.

**TRANSACCIÓN COMPLETADA**

**ENTRADA**

«Escriba una novela de época ambientada en Londres, que tenga 100 000 palabras y que incluya el robo de una joyería y un detective protagonista».

**ENTRADA**

El usuario escribe una petición o una pregunta para el modelo de lenguaje.

### CODIFICADOR

El codificador del programa de inteligencia artificial produce una representación abstracta de la entrada que el modelo sea capaz de «comprender».

### DECODIFICADOR

El decodificador del programa de inteligencia artificial utiliza esa representación para generar texto palabra por palabra.

**BUCLE DE DECODIFICACIÓN**

El decodificador va generando palabras hasta que emite la señal de detención.

«La niebla se arremolinaba en el resplandor de la lámpara de gas que se alzaba frente a la joyería...».

**SALIDA**

El modelo responde al usuario en lenguaje natural.

**SALIDA**

# HABLAR A LAS MÁQUINAS

Se denomina procesamiento del lenguaje natural a la capacidad de las máquinas de entender el lenguaje humano. Este campo de la IA ha experimentado avances considerables mediante el empleo de cantidades ingentes de datos lingüísticos cosechados de internet para entrenar los modelos (véase p. 76) y lograr que lean, escriban, escuchen y hablen. Un ejemplo lo ofrecen los grandes modelos de lenguaje, que son un tipo de IA generativa (véase p. 104) que produce textos imposibles de distinguir de los que escribiría un ser humano, y funcionan prediciendo de manera sucesiva qué palabra es la que debe aparecer a continuación de otra en una secuencia.

# IA ARTÍSTICA

La IA generativa es un campo de la IA dedicado a generar textos, audio, imágenes y otros medios de expresión nuevos. Los modelos se entrenan utilizando grandes conjuntos de datos tomados de contenidos ya existentes. Por ejemplo, los modelos de texto a imagen aprenden a partir de imágenes obtenidas de internet y etiquetadas con descripciones en forma de texto. Se suscitan dudas, como la de si una IA es «dueña» de sus propios contenidos o cómo hay que manejar la desinformación con apariencia de verosimilitud. En el futuro existirán marcas encriptadas que identificarán los medios auténticos.

**RECOLECCIÓN DE FUENTES EN LA RED**

Un modelo de inteligencia artificial puede barrer internet recopilando datos procedentes de fuentes como bancos de imágenes u obras de arte verdaderas.

**CREACIÓN ARTÍSTICA**

A partir de los materiales recolectados de las fuentes, el modelo de inteligencia artificial genera una nueva creación artística.

**REALIDAD VIRTUAL**

**REALIDAD AUMENTADA**

**REALIDAD MIXTA**

360°

**INMERSIÓN**
El usuario se sumerge en ella y queda separado de la realidad externa.

**REALCE**
El usuario contempla una versión realzada del mundo real.

**HÍBRIDA**
El usuario interacciona con elementos tanto reales como virtuales.

# ENTORNOS REALZADOS

La realidad extendida (XR) corresponde a las tecnologías que enriquecen o sustituyen el entorno del usuario por medio de imágenes digitales. La realidad virtual coloca al usuario en un mundo artificial, y normalmente lo hace mediante un dispositivo vestible. La realidad aumentada superpone capas de elementos digitales a la visión real del mundo, mientras que la realidad mixta implica una extensión más interactiva de esta misma idea. La realidad extendida es útil en ingeniería para situar a diseñadores y clientes dentro de un proyecto, por ejemplo, o en sanidad para generar entornos inmersivos en los que poner a prueba las reacciones del paciente.

**TOTALMENTE DIGITAL**
Se representa un entorno cien por cien digital.

**DIGITAL Y REAL**
La información digital se superpone a la visión que el usuario tiene del mundo real.

**MUNDOS COMBINADOS**
Así se logra una forma más interactiva de realidad aumentada.

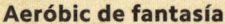

**Aeróbic de fantasía**
Los dispositivos de realidad virtual permiten
hacer ejercicio en casa y aparecer en una
clase de gimnasia virtual representadas
por un avatar de su elección.

# HACIA EL METAVERSO...

El concepto de metaverso apareció por primera vez en la novela de
ciencia ficción de Neal Stephenson titulada *Snow Crash,* donde se
presentaba como una versión hipotética de internet. Consiste en
imaginar internet como un mundo virtual tridimensional único en el
que las personas que lo usan quedan representadas por avatares, y al
que normalmente se accede por medio de dispositivos de realidad
virtual (véanse p. siguiente y p. 105). Los usuarios pueden trabajar,
comprar, tener relaciones sociales y hacer cualquier otra cosa en la
red gracias a un entorno más inmersivo. Esta visión del metaverso no
ha tenido una acogida demasiado calurosa, aunque los juegos de
estilo metaverso sí se han hecho muy populares, con cientos de
millones de usuarios. Estos juegos brindan un «escape» de la realidad.

# CON SOLO MOVER UN DEDO

La mayoría de las computadoras se manejan mediante ratones, teclados, pantallas táctiles y, a veces, micrófonos. La computación basada en gestos permite interactuar con las computadoras de maneras que van más allá de estos dispositivos convencionales, ya que incorporan movimientos de cabeza o de manos, movimientos de ojos, posturas o incluso expresiones faciales. Este abanico de entradas tridimensionales vuelve más inmersivas e intuitivas las experiencias de realidad extendida (véase p. 105). Se requieren dispositivos especiales, como guantes con cableado, aunque una simple cámara puede bastar para captar algunos gestos básicos. La computación basada en gestos encaja bien con aplicaciones como los videojuegos, los hogares inteligentes, la atención sanitaria o la robótica, y podría facilitar el uso de computadoras a personas con ciertas discapacidades.

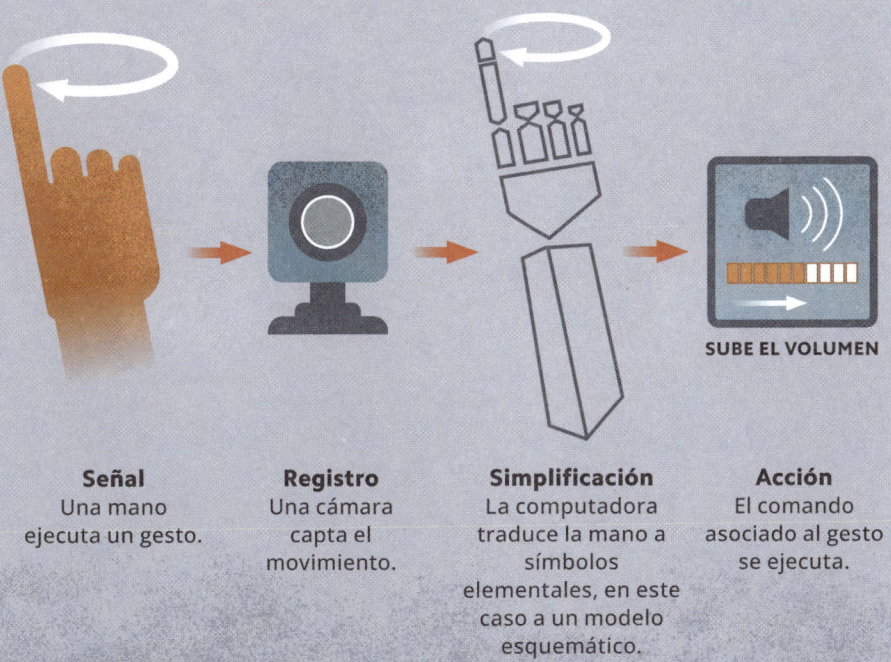

SUBE EL VOLUMEN

**Señal**
Una mano ejecuta un gesto.

**Registro**
Una cámara capta el movimiento.

**Simplificación**
La computadora traduce la mano a símbolos elementales, en este caso a un modelo esquemático.

**Acción**
El comando asociado al gesto se ejecuta.

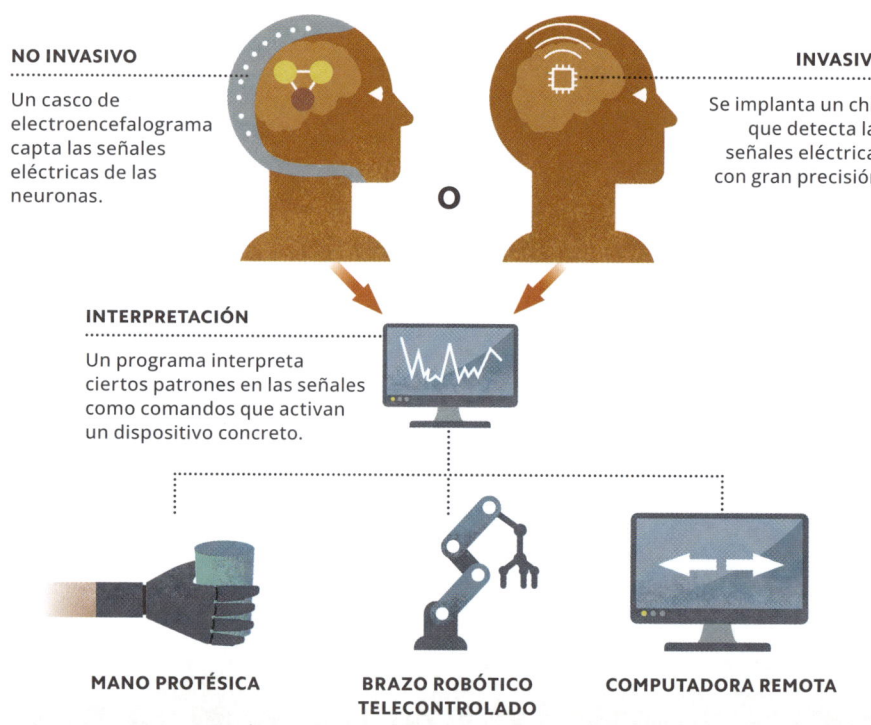

Un casco de electroencefalograma capta las señales eléctricas de las neuronas.

**INVASIVO**

Se implanta un chip que detecta las señales eléctricas con gran precisión.

O

**INTERPRETACIÓN**

Un programa interpreta ciertos patrones en las señales como comandos que activan un dispositivo concreto.

**MANO PROTÉSICA**

**BRAZO ROBÓTICO TELECONTROLADO**

**COMPUTADORA REMOTA**

# CONTROL CON LA MENTE

Una interfaz cerebro-computadora establece una conexión entre el cerebro y un dispositivo externo por métodos que pueden ser invasivos o no invasivos. Hay muchas tecnologías dignas de este nombre, pero el término se suele aplicar a sistemas que permiten a seres humanos controlar con el pensamiento dispositivos como computadoras o prótesis robóticas. La interfaz detecta y analiza las señales eléctricas que genera el cerebro y las convierte en comandos para el dispositivo. La principal aplicación de las interfaces cerebro-computadora consisten en reemplazar o recuperar funciones humanas mermadas por enfermedades o lesiones, aunque también tienen interés fuera de la medicina, como en videojuegos o en defensa.

# INMORTALIDAD DIGITAL

Para algunas personas, la existencia eterna en formato digital («inmortalidad digital») podría llegar a ofrecer una manera viable de vivir para siempre. El proceso requeriría escanear el cerebro y almacenarlo en formato digital, de modo que la personalidad del individuo, sus recuerdos y (según algunas escuelas de pensamiento) su conciencia perdurarían tras la muerte del cuerpo. Esto plantea la posibilidad de pasar a ser representados por un avatar o de controlar un cuerpo robótico. Esta tecnología es absolutamente especulativa a día de hoy, porque de momento solo se ha logrado simular el cerebro completo de organismos muy simples, como el gusano *Caenorhabditis elegans*.

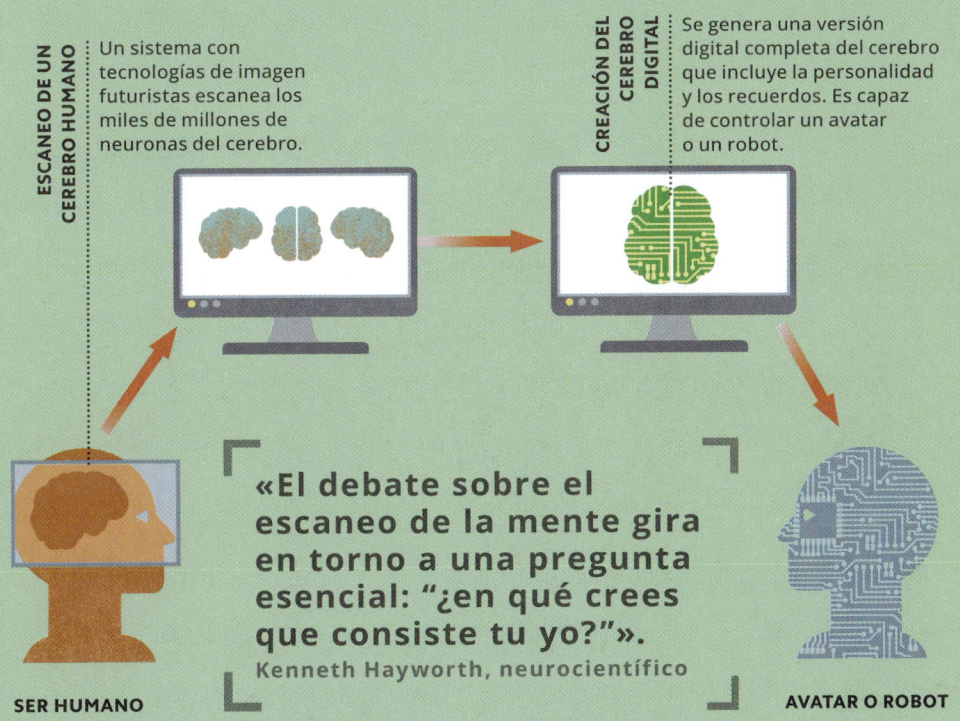

**ESCANEO DE UN CEREBRO HUMANO**

Un sistema con tecnologías de imagen futuristas escanea los miles de millones de neuronas del cerebro.

**CREACIÓN DEL CEREBRO DIGITAL**

Se genera una versión digital completa del cerebro que incluye la personalidad y los recuerdos. Es capaz de controlar un avatar o un robot.

**SER HUMANO**

«El debate sobre el escaneo de la mente gira en torno a una pregunta esencial: "¿en qué crees que consiste tu yo?"».
Kenneth Hayworth, neurocientífico

**AVATAR O ROBOT**

ROBÓTI

# C A

**Los robots hacen trabajos** que a los seres humanos les resultan repetitivos, sucios, peligrosos o casi imposibles. Son capaces de trabajar sin descanso en las fábricas; buscan supervivientes tras desastres naturales o pueden volar en viajes sin retorno hacia el espacio; los hay de tamaños muy variados y algunos de los más pequeños están hechos con componentes biológicos como células. Hay robots con diferentes grados de autonomía, desde los drones militares o los robots quirúrgicos sometidos a un control humano estricto hasta robots con IA que funcionan sin supervisión. El reto principal está en crear robots que trabajen bien junto a las personas. Para ello se diseñan con materiales agradables, rasgos humanos e inteligencia social artificial.

# CIRUGÍA A DISTANCIA

Es posible emplear sistemas robóticos especializados para realizar intervenciones quirúrgicas que mejoran la precisión y el control. El sistema más común se conoce como Da Vinci y se utiliza en cirugía poco invasiva. Más que recurrir a instrumentos sostenidos con las manos, el cirujano se sienta ante una consola y maneja el instrumental a distancia. Esto reduce el cansancio, elimina el temblor del pulso y permite la intervención de especialistas que estén lejos. Hoy día se están desarrollando tecnologías que en el futuro podrían dotar de más autonomía a robots cirujanos y permitirles practicar operaciones más complejas.

**VISIÓN DETALLADA**

El cirujano accede a una imagen tridimensional del área que se va a operar.

**BAJO CONTROL**

El cirujano utiliza una consola para manejar los instrumentos del sistema.

**A distancia**
Un cirujano situado en otro continente puede participar en la operación de cirugía robótica.

**NADA ESCAPA A LA VISTA**

Una cámara retransmite la operación al monitor del cirujano.

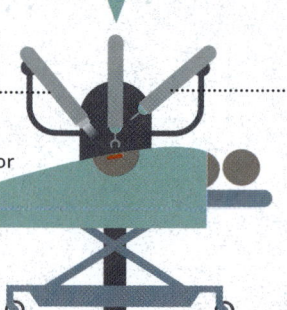

**FIRME COMO UNA ROCA**

Los brazos robóticos cuentan con articulaciones similares a las de la muñeca que permiten girar los instrumentos quirúrgicos que sostienen.

# ROBOTS EN FÁBRICAS

Ya hay millones de robots industriales en funcionamiento. La mayoría de ellos se encuentra en cadenas de montaje, donde cada uno ejecuta la misma tarea una y otra vez con suma uniformidad. El ejemplo más frecuente de esta tecnología lo ofrecen los brazos robóticos, que se parecen bastante a un brazo humano provisto de los accesorios necesarios en su extremo, como pinzas o electrodos, y tienen diversos grados de libertad que les permiten una gama muy amplia de movimientos. Los robots industriales son idóneos para las fábricas inteligentes, centros de manufactura en los que se utilizan datos procedentes de dispositivos conectados para optimizar los procesos.

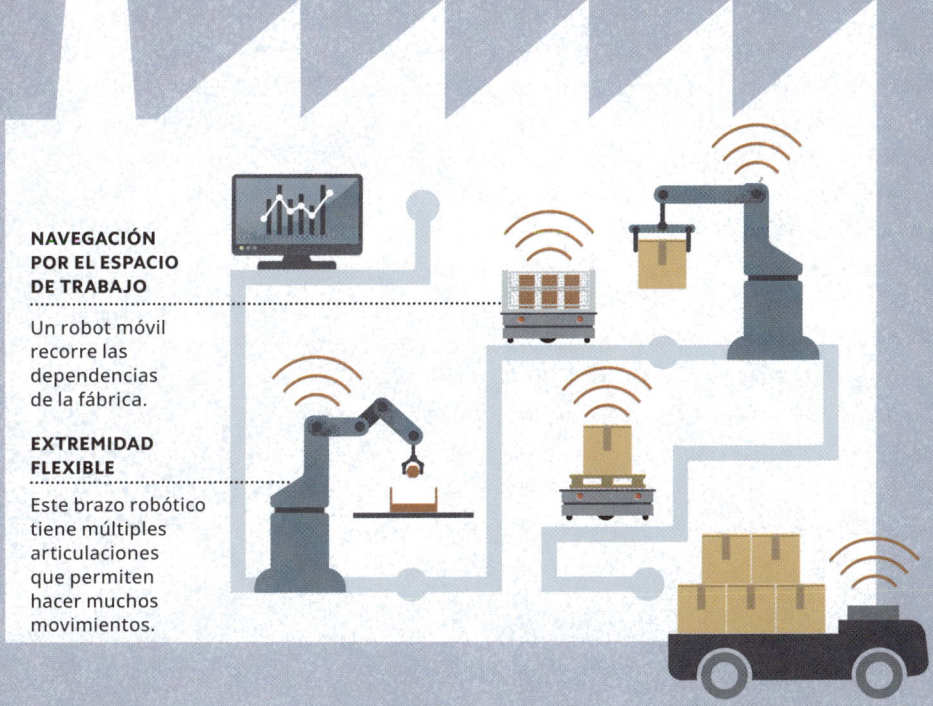

**NAVEGACIÓN POR EL ESPACIO DE TRABAJO**

Un robot móvil recorre las dependencias de la fábrica.

**EXTREMIDAD FLEXIBLE**

Este brazo robótico tiene múltiples articulaciones que permiten hacer muchos movimientos.

# ROBOTS AL RESCATE

Los robots se están convirtiendo en instrumentos que salvan vidas en zonas afectadas por catástrofes. Se ha diseñado una variedad enorme de robots que colaboran en tareas de rescate, como la búsqueda de supervivientes, remoción de escombros o entrega de suministros médicos. Suelen inspirarse en el comportamiento animal y vuelan, nadan y se adentran en los escombros para realizar tareas arriesgadas para las personas.

**DRON**
Un dron con brazo articulado llega hasta lugares que de otro modo serían inaccesibles.

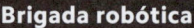

**Brigada robótica**
En lugares donde se ha producido una catástrofe se puede desplegar todo un equipo de robots de búsqueda y rescate, cada uno con una misión propia.

El hidrogel contiene largas moléculas entrelazadas.

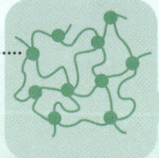

**PINZA IMPRESA CON HIDROGEL**

**Pinza de hidrogel**
Un dispositivo prensil impreso con hidrogel puede capturar un pez sin dañarlo.

**PINZA ABIERTA**

La pinza robótica está hecha de estructuras de hidrogel conectadas a tubos de goma.

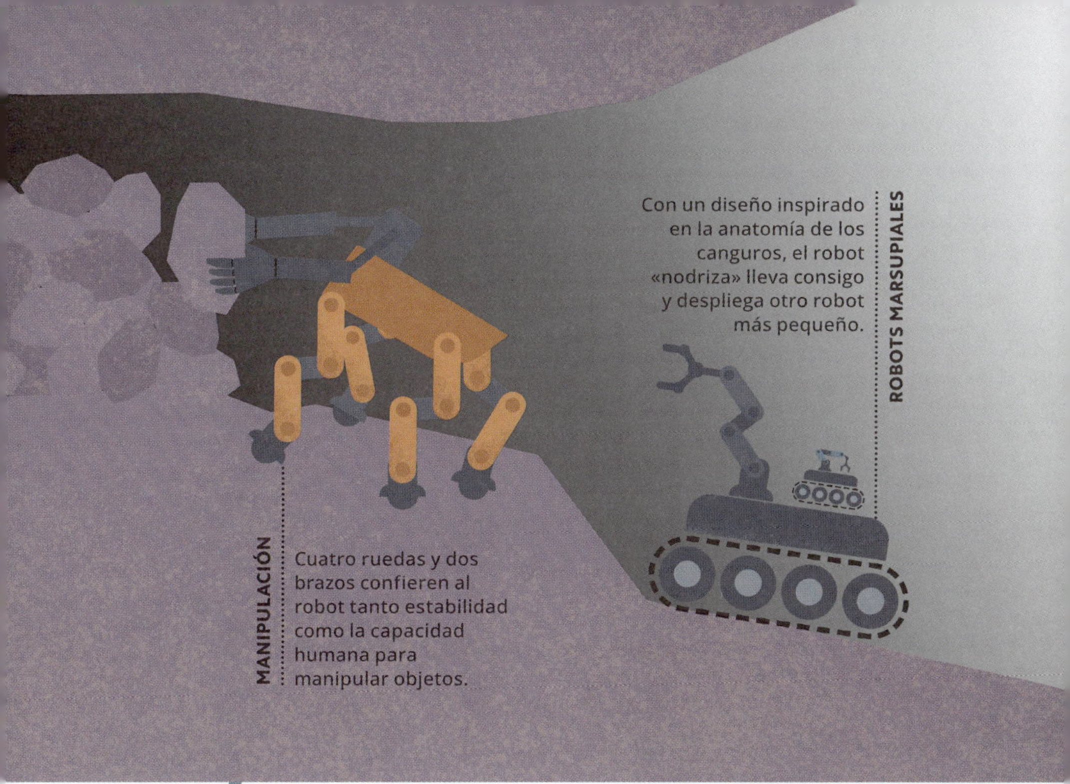

Con un diseño inspirado en la anatomía de los canguros, el robot «nodriza» lleva consigo y despliega otro robot más pequeño.

**MANIPULACIÓN**

Cuatro ruedas y dos brazos confieren al robot tanto estabilidad como la capacidad humana para manipular objetos.

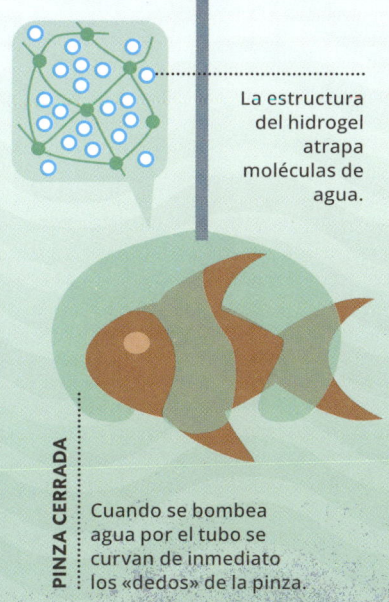

La estructura del hidrogel atrapa moléculas de agua.

**PINZA CERRADA**

Cuando se bombea agua por el tubo se curvan de inmediato los «dedos» de la pinza.

# UN TOQUE HUMANO

Los robots suelen fabricarse con materiales rígidos como metales o plásticos duros. El campo de la robótica blanda pretende producir robots hechos de hidrogel, silicona, goma y otros materiales semejantes a tejidos vivos. Esto resulta útil cuando el robot necesita adaptar su forma para soportar un impacto o para manipular un objeto con la misma delicadeza que un ser humano como, por ejemplo, si se trata de colaborar con personal sanitario en el cuidado de pacientes.

### Micronadador

Un robot blando inspirado en un parásito que nada por el torrente sanguíneo y que podría desatascar arterias.

### Cangrejo robótico

Un robot de 0.5 mm de ancho se desplaza cambiando de forma a medida que se calienta y se enfría.

### Robot autoplegable

Un dispositivo de nanoescala se pliega para convertirse en una figura en 3D cuando recibe una descarga eléctrica, lo que le permite moverse.

# ROBOTS EN MINIATURA

Los microbots (robots de microescala) y los nanobots (robots de nanoescala) plantean un conjunto particular de oportunidades y de retos. Podrían resultar muy útiles en medicina porque pueden introducirse en el cuerpo humano para realizar tareas delicadas, como deshacer coágulos de sangre. Los microbots y, en especial, los nanobots, siguen siendo en su mayoría experimentales, sobre todo porque aún hay que resolver el problema del suministro de energía a una escala tan pequeña. Una posible solución a este problema consistiría en construirlos con componentes biológicos; por ejemplo, incorporarles bacterias o espermatozoides para la propulsión.

### Un robot con melena

Las vellosidades de este robot inspirado en una larva oscilan en respuesta al sonido, lo que le permite nadar.

### Motor natural

La kinesina es una proteína que «camina» por las estructuras celulares y que podría utilizarse como un motor para nanobots.

### Nanoauto

Un automóvil de nanoescala avanza en respuesta a la temperatura, lo que le permite viajar por el interior del cuerpo humano.

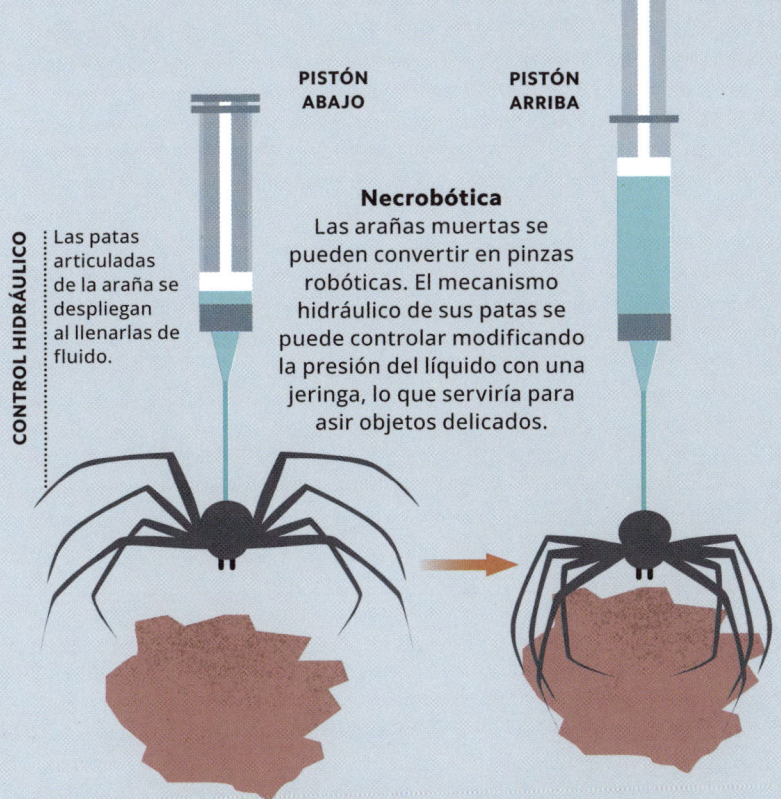

**CONTROL HIDRÁULICO**

**PISTÓN ABAJO**

**PISTÓN ARRIBA**

Las patas articuladas de la araña se despliegan al llenarlas de fluido.

**Necrobótica**
Las arañas muertas se pueden convertir en pinzas robóticas. El mecanismo hidráulico de sus patas se puede controlar modificando la presión del líquido con una jeringa, lo que serviría para asir objetos delicados.

# TRABAJAR CON LA NATURALEZA

El campo de la biorrobótica abarca tanto los robots inspirados en sistemas biológicos como la robótica que incorpora sistemas biológicos. Células, tejidos y organismos completos se usan para construir robots empleando la compleja maquinaria de la vida. El músculo esquelético de mamíferos y el tejido del vaso dorsal (circulatorio) de los insectos, por ejemplo, se han utilizado como actuadores que inducen movimiento, y también se han reutilizado arañas muertas como pinzas robóticas necrobóticas (véase arriba). Además de ser biodegradables, estos robots producen su propia energía y se autorreparan si están vivos.

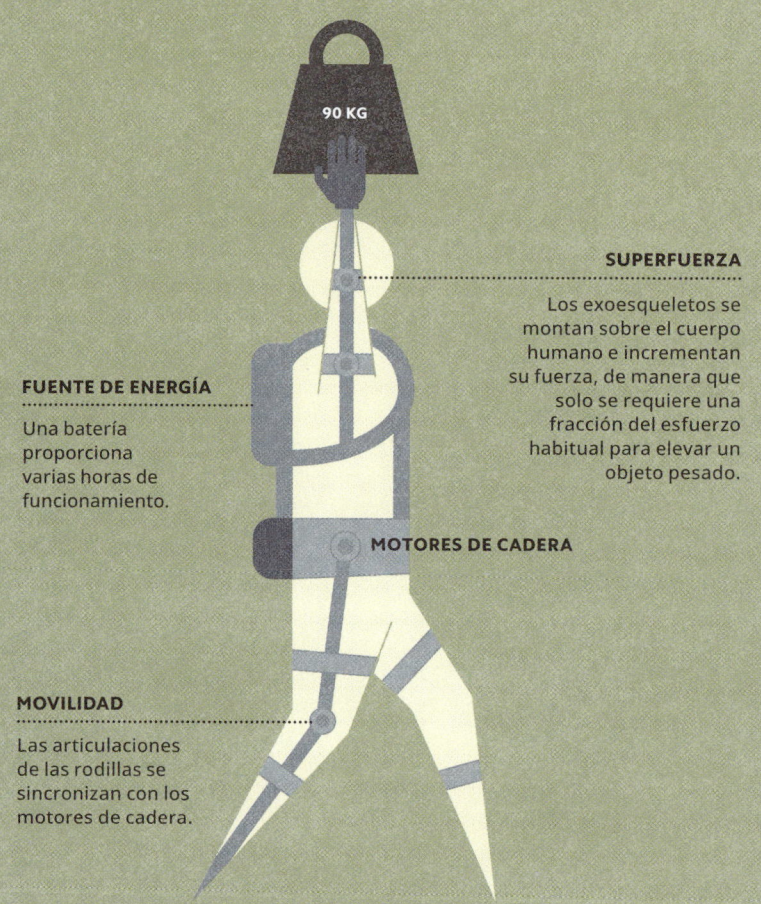

**SUPERFUERZA**

Los exoesqueletos se montan sobre el cuerpo humano e incrementan su fuerza, de manera que solo se requiere una fracción del esfuerzo habitual para elevar un objeto pesado.

**FUENTE DE ENERGÍA**

Una batería proporciona varias horas de funcionamiento.

**MOTORES DE CADERA**

**MOVILIDAD**

Las articulaciones de las rodillas se sincronizan con los motores de cadera.

90 KG

# FUERZA SOBREHUMANA

Los exoesqueletos motorizados son dispositivos grandes que incrementan la capacidad física de quienes los portan. Los sensores integrados a lo largo de su estructura envían datos a un centro de control que envía señales a actuadores que sincronizan el exoesqueleto con los movimientos voluntarios del usuario. Se utilizan exoesqueletos para ayudar a pacientes a recuperar capacidades (sobre todo en los miembros inferiores) tras traumatismos o enfermedades. Sin embargo, también hay interesantes aplicaciones industriales y militares con el objetivo de dotar de fuerza sobrehumana a quien los porte.

# MENTES COLMENA

Los enjambres robóticos imitan la actividad cooperativa de insectos como las hormigas y generan un comportamiento inteligente colectivo en un conjunto de robots individuales simples. El comportamiento inteligente se aprende a partir de las interacciones entre los robots o entre los robots y el entorno. El enjambre resiste fallos y funciona aunque caigan algunos de sus miembros. Estos enjambres pueden ser útiles en vigilancia, construcción y recuperación de espacios naturales. Los robots inspirados en abejas podrían polinizar plantas.

**ENERGÍA**

Paneles solares propulsan a las abejas robóticas.

**ZUMBIDO**

La vibración simula el zumbido de los polinizadores, lo que estimula a las plantas para que liberen el polen.

**PATAS PEGAJOSAS**

La adhesión electrostática permite a la abeja robótica posarse y ahorrar energía.

# CEREBRO Y CUERPO

La IA encarnada traslada la inteligencia artificial al mundo físico. Esto requiere otorgarle un «cuerpo» físico que perciba el entorno e interactúe con él. Estos robots controlados con inteligencia artificial incorporan multitud de sensores y actuadores que convierten señales en movimientos. La inteligencia artificial aprende de las interacciones con el mundo físico. Por ejemplo, una aspiradora robótica va confeccionando, poco a poco, un mapa de todo el hogar. La inteligencia artificial encarnada puede adoptar forma humanoide (véase p. siguiente) si ello resulta conveniente para su trabajo como, por ejemplo, prestar asistencia o compañía a un ser humano.

# VIVIR CON ROBOTS

**COMUNICACIÓN MEJORADA**

El robot imita el estilo humano de interacción cuando gira la cabeza y establece contacto visual al hablar.

### MAPA TRIDIMENSIONAL

El robot cuenta con cámaras y otros sensores para detectar el entorno y planificar sus desplazamientos.

### BANDEJA INCORPORADA

La bandeja se carga de antemano con alimentos y bebidas.

### TECNOLOGÍA DE CONDUCCIÓN AUTÓNOMA

Los robots utilizan la tecnología de la conducción autónoma (véase p.63) para desplazarse entre los obstáculos.

La mayoría de los robots actuales trabajan en entornos delimitados, como almacenes o fábricas. Los entornos impredecibles del «mundo real» suponen para ellos desafíos mucho mayores, como restaurantes (véase arriba), hospitales o intercambiadores de transporte. Los robots tienen que ser capaces de deambular por entornos complejos y cambiantes, así como de subir escaleras o abrir y cerrar puertas. Hay contextos en los que tendrán que ser capaces de interactuar con seres humanos a través del habla (véase p. 103), así como de interpretar gestos corporales y expresiones faciales.

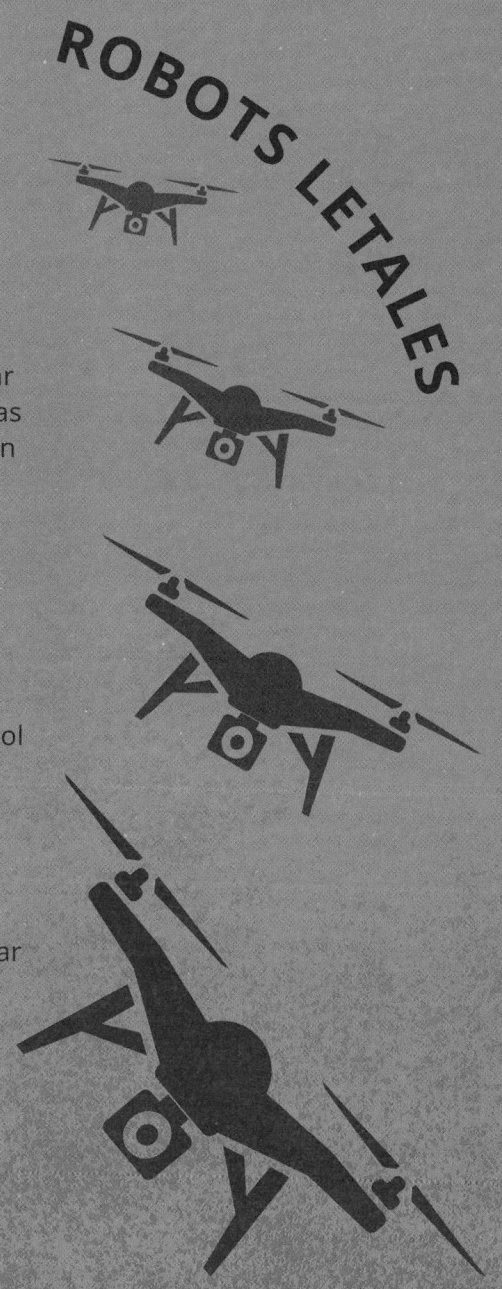

# ROBOTS LETALES

La defensa ha sido, durante mucho tiempo, una fuerza impulsora de la investigación y el desarrollo en el campo de la robótica. Se puede reducir el coste humano de la guerra si se utilizan robots para ejecutar operaciones militares arriesgadas que en otras condiciones habrían correspondido a personas. Los drones voladores (aparatos aéreos no tripulados) se utilizan mucho en tareas de reconocimiento y de ataque, y cuentan con diversos niveles de autonomía, aunque en su mayoría permanecen bajo control humano. Otros robots militares incluyen los drones terrestres y marinos, los exoesqueletos (véase p. 118), vehículos sin conductor para el rescate de heridos y máquinas para detectar y desactivar minas. Suscitan más controversia las armas letales autónomas, capaces de detectar objetivos y abrir fuego sobre ellos.

# ROBOTS EXPLORADORES

Las agencias espaciales llevan construyendo robots desde la década de 1960, lo que ha permitido la exploración del espacio sin el coste y las complicaciones de los vuelos tripulados. Hay robots espaciales que funcionan con autonomía, como los todoterrenos marcianos de la NASA, que ruedan por la superficie del planeta estudiando sus rocas y enviando datos a la Tierra. Otros, como el humanoide «robonauta» de la Estación Espacial Internacional, ayudan a la tripulación. Continuamente se están desarrollando robots nuevos para realizar misiones espaciales aún más ambiciosas. Hay empresas comerciales que planean usar robots para trabajos de minería en asteroides para obtener metales valiosos.

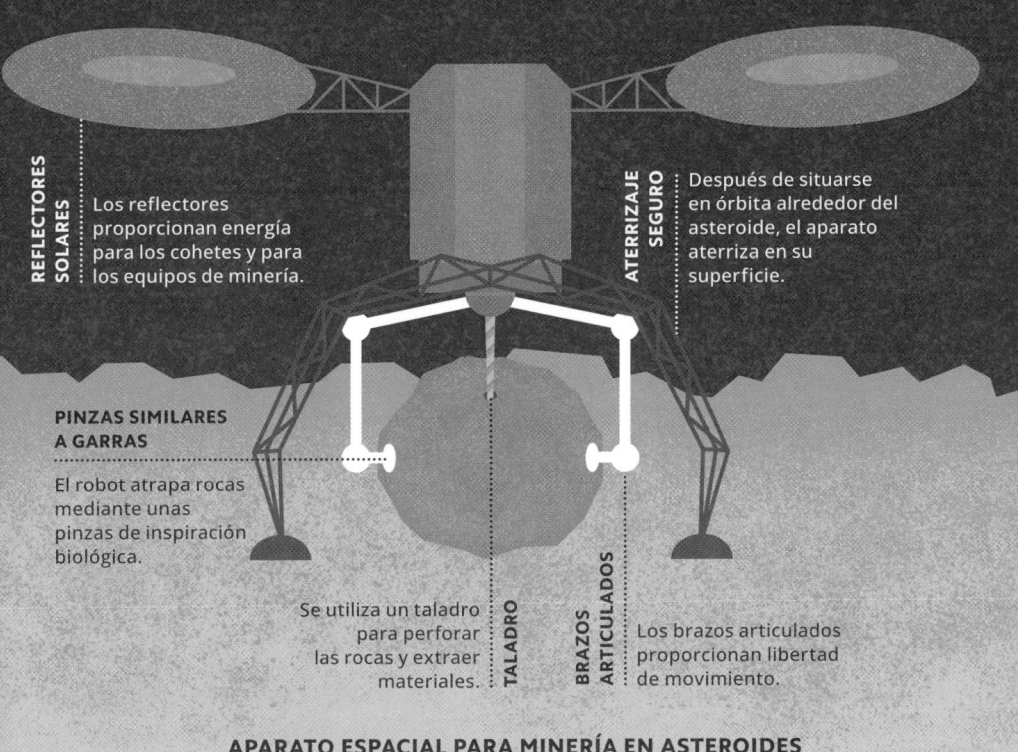

**REFLECTORES SOLARES**

Los reflectores proporcionan energía para los cohetes y para los equipos de minería.

**ATERRIZAJE SEGURO**

Después de situarse en órbita alrededor del asteroide, el aparato aterriza en su superficie.

**PINZAS SIMILARES A GARRAS**

El robot atrapa rocas mediante unas pinzas de inspiración biológica.

**TALADRO**

Se utiliza un taladro para perforar las rocas y extraer materiales.

**BRAZOS ARTICULADOS**

Los brazos articulados proporcionan libertad de movimiento.

**APARATO ESPACIAL PARA MINERÍA EN ASTEROIDES**

# ENERGÍA

**El sector energético** vive cambios veloces. Para evitar el catastrófico calentamiento global es esencial encontrar fuentes de energía alternativas a los combustibles fósiles (carbón, petróleo y gas), así como reducir el volumen de residuos. Para ello se requiere una expansión enorme del uso de energías renovables, incluido el desarrollo de nuevas tecnologías, mejorar la captura de carbono y optimizar la distribución y el almacenamiento de la energía. Entre las innovaciones que podrían revolucionar este sector se encuentran el desarrollo de redes eléctricas inteligentes, de baterías gigantes o de aerogeneradores sin aspas.

# RED FUTURA

Las redes eléctricas convencionales distribuyen hasta puntos de consumo la energía procedente de grandes plantas propulsadas con gas, carbón o reactores nucleares. Las energías renovables, como la eólica o la solar, fluctúan con las condiciones meteorológicas y requieren una gestión a través de una «red inteligente» que tenga en cuenta esas variaciones. En una red inteligente, las distintas fuentes de energía fluyen hasta el usuario final, y este puede devolver su excedente energético. La tecnología digital gestiona la compleja relación entre oferta y demanda. Las redes inteligentes usan la energía verde de manera eficiente. Por ejemplo, la electricidad producida por aerogeneradores durante la noche, cuando la demanda es menor, se utiliza para cargar baterías de red (véase p. 132) a las que se recurre cuando hay mucha demanda.

AEROGENERADOR

PANEL SOLAR

CARGA DE VEHÍCULO ELÉCTRICO

FÁBRICA

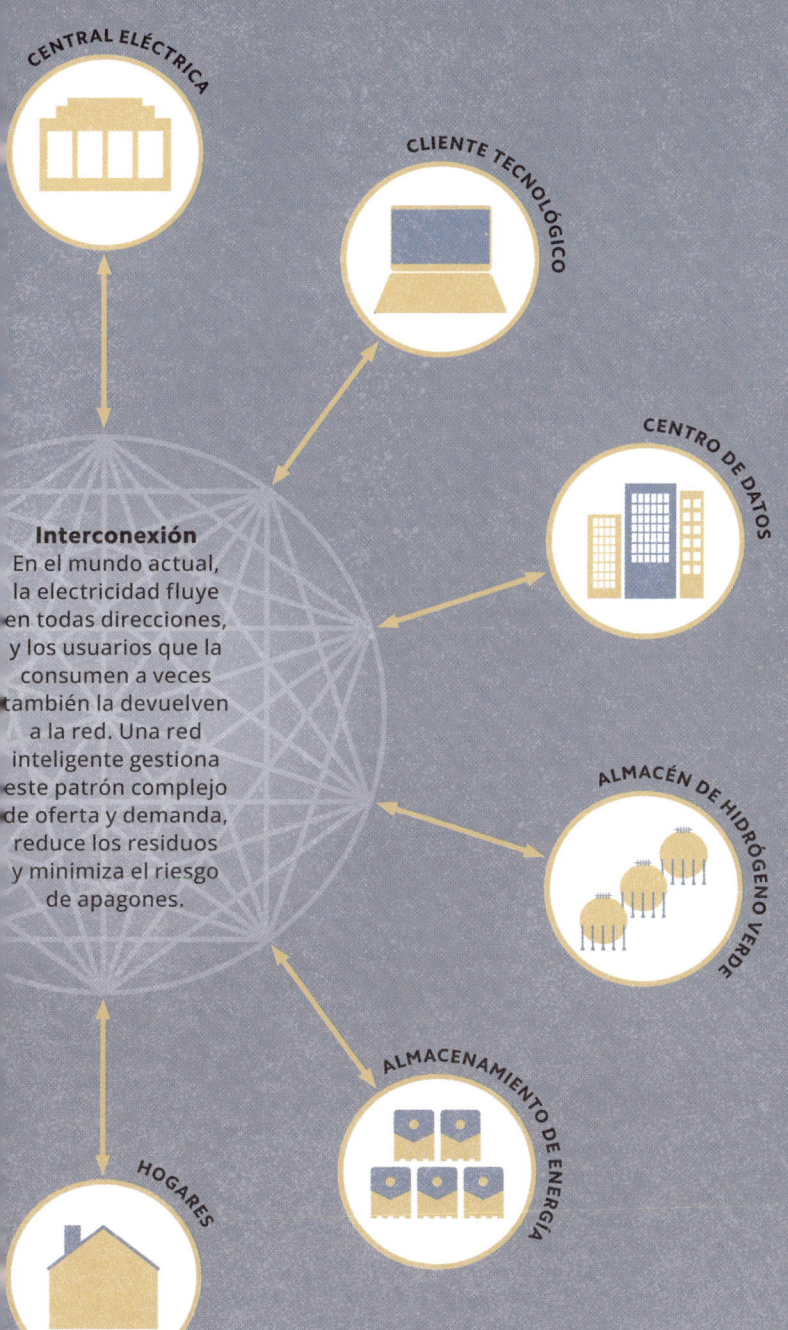

CENTRAL ELÉCTRICA

CLIENTE TECNOLÓGICO

CENTRO DE DATOS

**Interconexión**
En el mundo actual, la electricidad fluye en todas direcciones, y los usuarios que la consumen a veces también la devuelven a la red. Una red inteligente gestiona este patrón complejo de oferta y demanda, reduce los residuos y minimiza el riesgo de apagones.

ALMACÉN DE HIDRÓGENO VERDE

ALMACENAMIENTO DE ENERGÍA

HOGARES

# DEL GRIS AL VERDE

El hidrógeno es el elemento más abundante del universo y constituye una alternativa limpia al gas natural, que es un combustible fósil. El hidrógeno puede usarse para calefacción, producción de electricidad, procesos industriales (incluidos sectores tan difíciles de descarbonizar como la siderurgia) o para impulsar vehículos mediante células de combustible (véase p. 61). El hidrógeno de por sí no genera el perjudicial dióxido de carbono, pero su producción sí suele hacerlo. Este hidrógeno se conoce como «gris». Si este proceso se combina con la captación y el almacenamiento de carbono se convierte en «hidrógeno azul»,

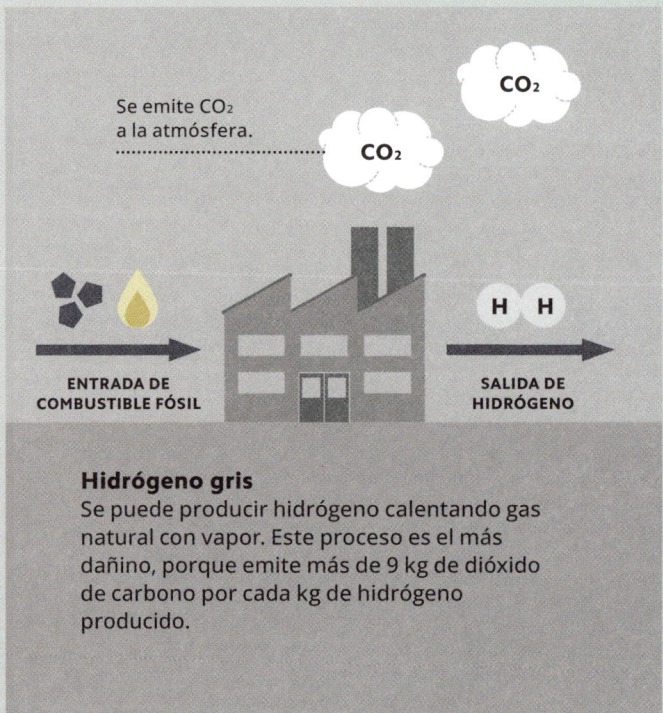

Se emite $CO_2$ a la atmósfera.

$CO_2$

$CO_2$

H H

ENTRADA DE COMBUSTIBLE FÓSIL

SALIDA DE HIDRÓGENO

### Hidrógeno gris
Se puede producir hidrógeno calentando gas natural con vapor. Este proceso es el más dañino, porque emite más de 9 kg de dióxido de carbono por cada kg de hidrógeno producido.

ENTRADA DE COMBUSTIBLE FÓSIL

### Hidrógeno azul
Se obtiene mediante el mismo proceso que el gris, pero la mayoría de las emisiones de carbono se captura (véase p. 130) antes de que alcance la atmósfera.

que constituye una alternativa más limpia. El hidrógeno se puede producir también por medio de electrólisis. De este proceso, muy costoso, resulta el «hidrógeno verde», que, por ahora, asciende a menos del 0,1 por ciento del total.

> **«El hidrógeno y el oxígeno proporcionarán una fuente inagotable de luz y calor».**
> Julio Verne, novelista de ciencia ficción

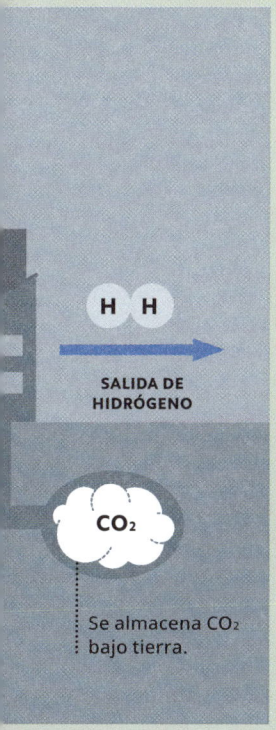

SALIDA DE
HIDRÓGENO

CO2

Se almacena CO2
bajo tierra.

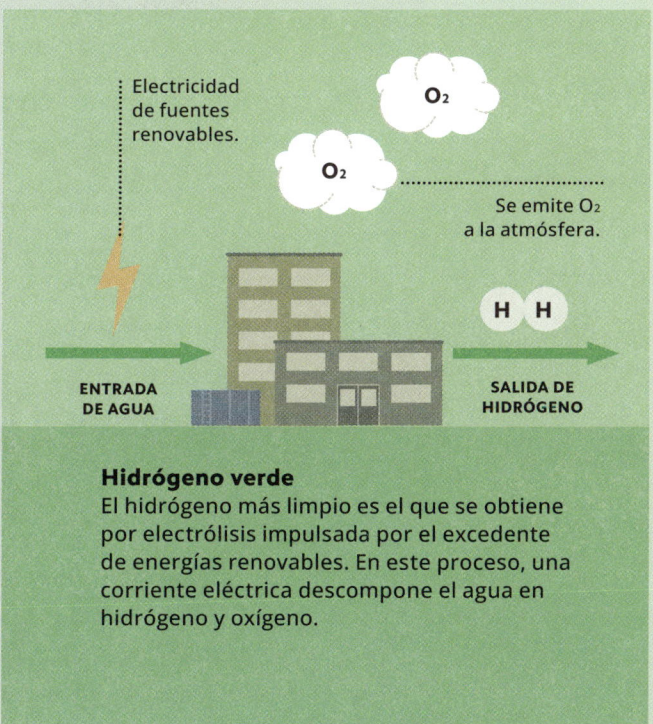

Electricidad
de fuentes
renovables.

O2

O2

Se emite O2
a la atmósfera.

ENTRADA
DE AGUA

SALIDA DE
HIDRÓGENO

### Hidrógeno verde
El hidrógeno más limpio es el que se obtiene por electrólisis impulsada por el excedente de energías renovables. En este proceso, una corriente eléctrica descompone el agua en hidrógeno y oxígeno.

# REDUCCIÓN DE CARBONO

La captura de carbono se considera un arma necesaria en la lucha contra el cambio climático, sobre todo para reducir las emisiones de carbono de procesos difíciles de modificar, en los que costaría mucho evitarlas, como la producción de cemento o de acero. Entornos naturales como bosques, selvas, océanos o turberas capturan carbono por todo el mundo de manera natural, y también se han ideado tecnologías para su captación. Estas tecnologías

**Captura de carbono en origen**
El método más eficiente en cuanto a costes consiste en capturar el carbono en el punto donde se genera, como en una central eléctrica de carbón o en el horno de una cementera.

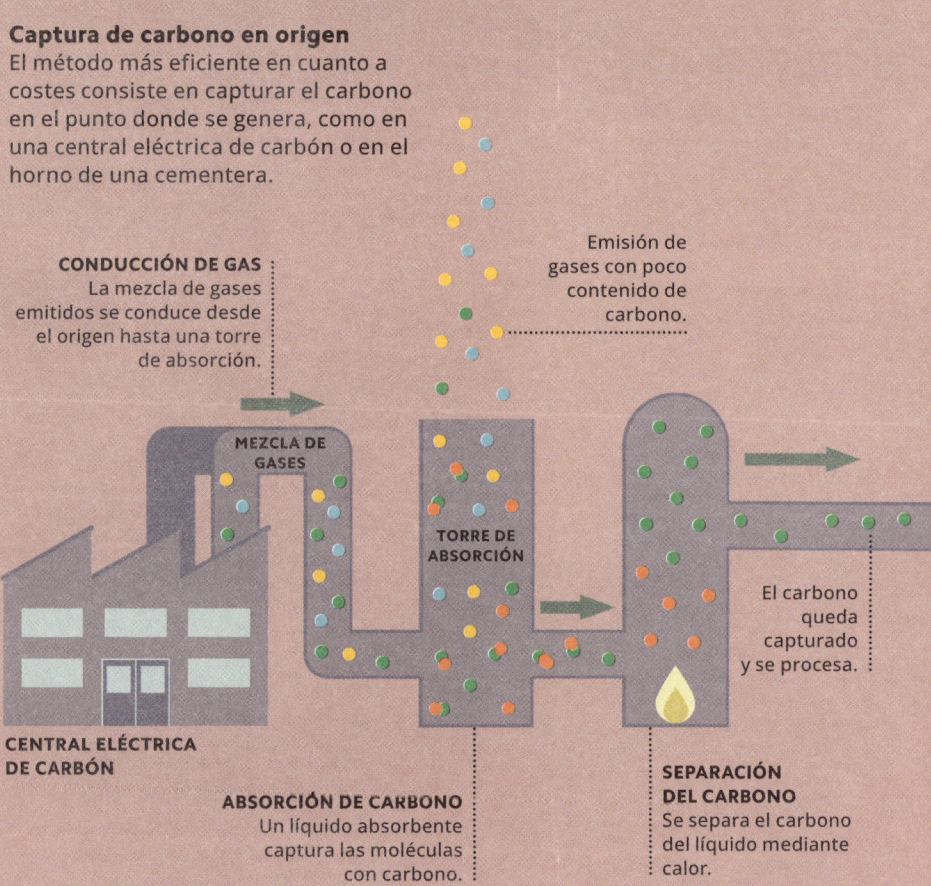

**CONDUCCIÓN DE GAS**
La mezcla de gases emitidos se conduce desde el origen hasta una torre de absorción.

Emisión de gases con poco contenido de carbono.

MEZCLA DE GASES

TORRE DE ABSORCIÓN

El carbono queda capturado y se procesa.

CENTRAL ELÉCTRICA DE CARBÓN

**ABSORCIÓN DE CARBONO**
Un líquido absorbente captura las moléculas con carbono.

**SEPARACIÓN DEL CARBONO**
Se separa el carbono del líquido mediante calor.

atrapan el gas dióxido de carbono o bien en el lugar donde se produce (como la fábrica) o bien en la atmósfera. Tras capturarlo, el gas se comprime, se transporta y, con frecuencia, se inyecta en almacenes subterráneos profundos y permanentes. Otra opción consiste en reciclar el carbono para darle distintas aplicaciones prácticas (véase abajo).

**Uso del carbono**
La inversión en nuevas tecnologías va abriendo aplicaciones nuevas para el carbono capturado. Hay usos que contribuyen poco a reducir las emisiones, pero otros, como la inyección de carbono en el hormigón, permiten bloquearlo.

> **«La captura y almacenamiento de carbono es una de las tecnologías más destacadas del momento».**
> Jade Hameister, Global CSS Institute

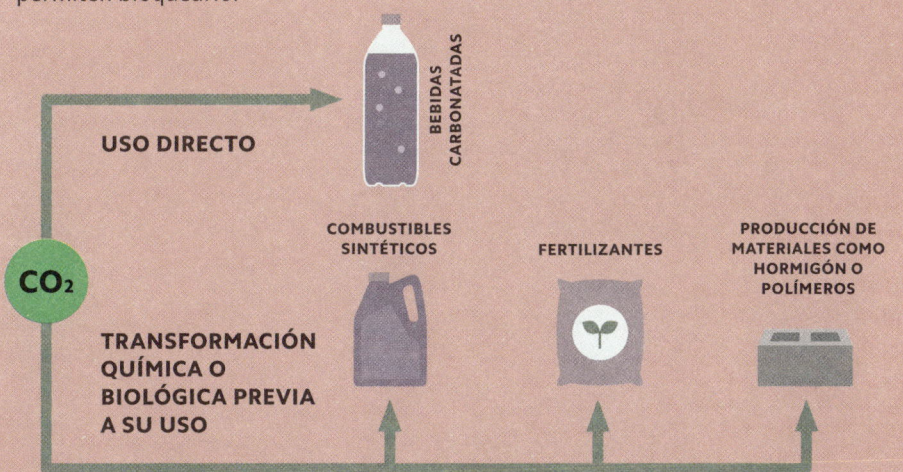

USO DIRECTO

BEBIDAS CARBONATADAS

$CO_2$

COMBUSTIBLES SINTÉTICOS

FERTILIZANTES

PRODUCCIÓN DE MATERIALES COMO HORMIGÓN O POLÍMEROS

TRANSFORMACIÓN QUÍMICA O BIOLÓGICA PREVIA A SU USO

# BATERÍAS GIGANTES

A medida que se incorporan a la red eléctrica fuentes renovables intermitentes, como la eólica o la solar, crece la necesidad de darles apoyo mediante sistemas de almacenamiento de red. Se trata de tecnologías capaces de almacenar cantidades masivas de energía en los periodos de baja demanda para liberarla después cuando la demanda es alta: la energía producida a mediodía por las plantas solares se podría almacenar para distribuirla por la tarde. Las funciones de almacenamiento masivo de energía se asumen por ahora mediante el bombeo de agua hacia centrales hidroeléctricas (véase abajo y p. 134). Sin embargo, en el futuro cobrarán relevancia las baterías de red.

**RED ELÉCTRICA**

**ALMACENAMIENTO**

**BATERÍA DE RED**
La electricidad se convierte en energía química que se almacena en baterías de red.

**HIDROELECTRICIDAD**
Se bombea agua a un depósito elevado y se libera cuando es necesario producir electricidad.

**HIDRÓGENO VERDE**
El hidrógeno verde (véase p. 129) se puede almacenar en tanques en estado líquido o de gas a alta presión.

**NUEVOS ALMACENES DE ENERGÍA**
El equilibrio entre oferta y demanda se beneficia de estos nuevos almacenes.

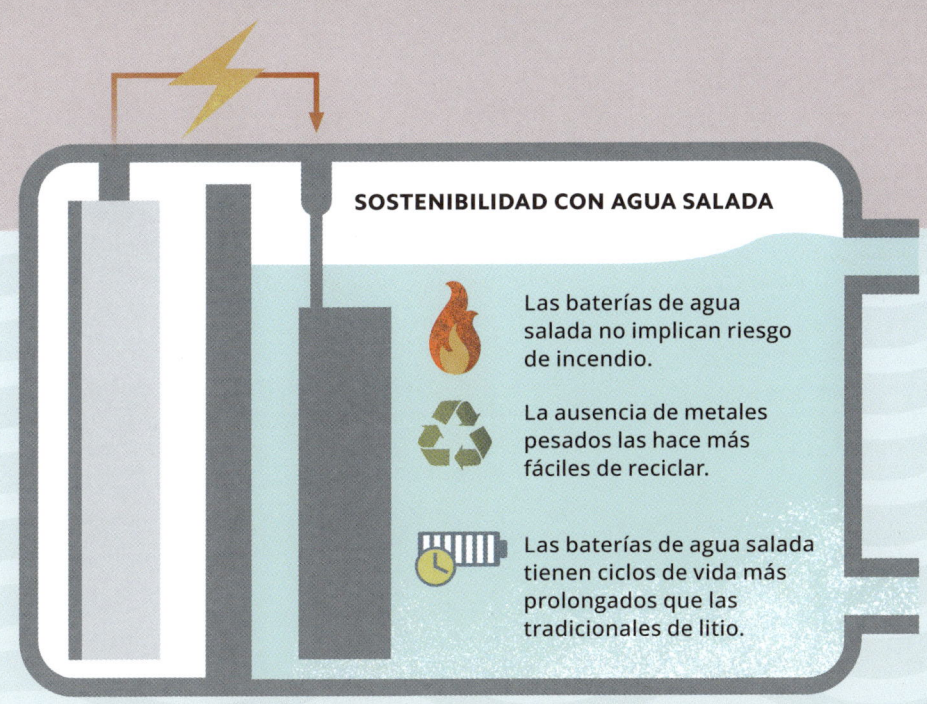

Las baterías de agua salada no implican riesgo de incendio.

La ausencia de metales pesados las hace más fáciles de reciclar.

Las baterías de agua salada tienen ciclos de vida más prolongados que las tradicionales de litio.

# BATERÍAS QUE NO NOS CUESTEN EL PLANETA

El abandono de los combustibles fósiles por parte del sector energético requerirá apoyarse en un aumento de la capacidad de almacenamiento de baterías mucho mayor que la actual. Las baterías de ion litio son hoy las más frecuentes entre las de alta densidad de energía, pero incorporan metales del grupo de las tierras raras. Se confía en la creación de baterías hechas con materiales distintos pero que tengan prestaciones igual de buenas, si no mayores, que las de litio. Entre las alternativas están las baterías de agua salada (véase arriba), en las que la corriente eléctrica se transporta sobre todo en iones de sodio y que tienen el potencial de ser seguras, sostenibles y reciclables. Otras opciones incluyen las baterías de ion sodio, las baterías de estado sólido (con electrolitos sólidos) o las baterías de sales fundidas (con electrolitos salinos).

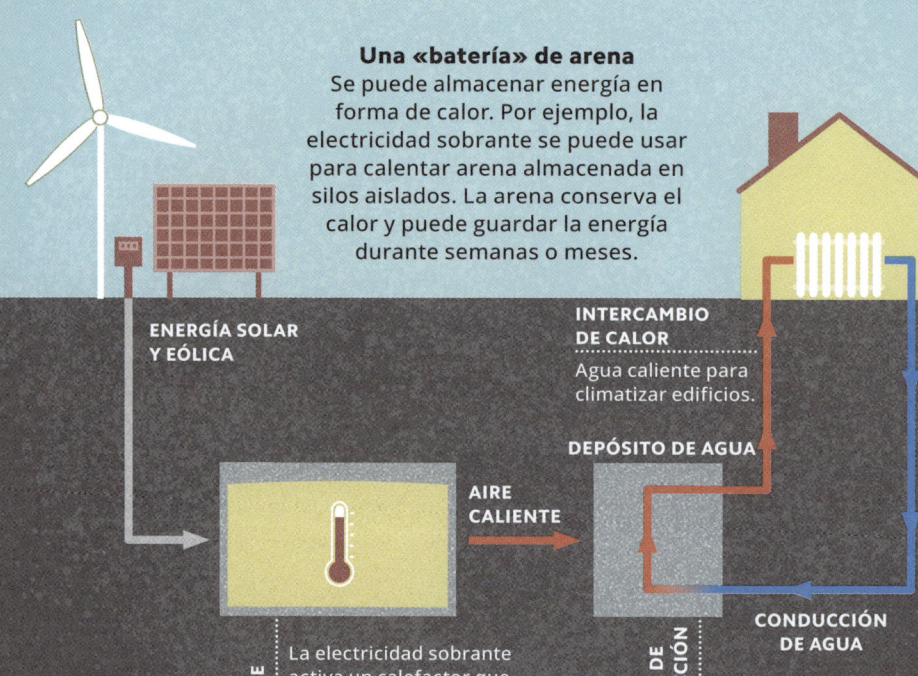

**Una «batería» de arena**
Se puede almacenar energía en forma de calor. Por ejemplo, la electricidad sobrante se puede usar para calentar arena almacenada en silos aislados. La arena conserva el calor y puede guardar la energía durante semanas o meses.

**ENERGÍA SOLAR Y EÓLICA**

**INTERCAMBIO DE CALOR**
Agua caliente para climatizar edificios.

**DEPÓSITO DE AGUA**

**AIRE CALIENTE**

**ARENA CALIENTE**
La electricidad sobrante activa un calefactor que eleva la temperatura de la arena, o de un material similar, hasta 600 °C.

**SISTEMA DE CALEFACCIÓN**
El aire calentado por la arena calienta, a su vez, el agua.

**CONDUCCIÓN DE AGUA**

# MÁS ALLÁ DE LAS BATERÍAS QUÍMICAS

Las baterías «físicas» ofrecen una alternativa a las tradicionales porque almacenan energía por medios no químicos. Un ejemplo lo ofrece el bombeo para almacenamiento en centrales hidroeléctricas, en el que se usa energía eléctrica para elevar agua hasta un depósito desde el que se libera cuando es necesario. Se están estudiando sistemas que no dependan tanto de la orografía. Entre ellos está controlar la gravedad elevando y bajando bloques pesados; comprimir aire en cuevas bajo tierra; calentar arena (véase arriba) o acelerar ruedas giratorias hasta velocidades extremas.

# COSECHAR EL SOL

La energía solar constituye una de las fuentes de electricidad más baratas: es muy sencilla de instalar y requiere muy poco mantenimiento. En consecuencia, cunde el entusiasmo por instalar paneles solares fuera de las centrales fotovoltaicas. Se popularizan los paneles solares montados en los tejados tanto de hogares como de empresas. Estos paneles se pueden acoplar también a vehículos, como trenes o barcos, o instalarse en infraestructuras. como paradas de autobús o la superficie de las carreteras. Siempre es mejor montar estos paneles en lugares elevados, porque al nivel del suelo se dañan con más facilidad y reciben menos luz.

# COMETAS GENERADORAS

La energía eólica es limpia, renovable y cada vez más barata, y aporta una fracción de la producción energética que aumenta con rapidez. Los aerogeneradores tradicionales podrían complementarse pronto con turbinas de diseños alternativos, como generadores voladores: dispositivos semejantes a cometas que se pueden volar a grandes altitudes, donde arrecian los vientos más intensos. Las turbinas voladoras ofrecen más flexibilidad que las montadas en torres. Se pueden anclar tierra adentro o a barcazas en alta mar, y subir o bajar para modular su velocidad de rotación. Pueden desplegarse en zonas donde sean frecuentes los huracanes que son inadecuadas para los aerogeneradores de superficie.

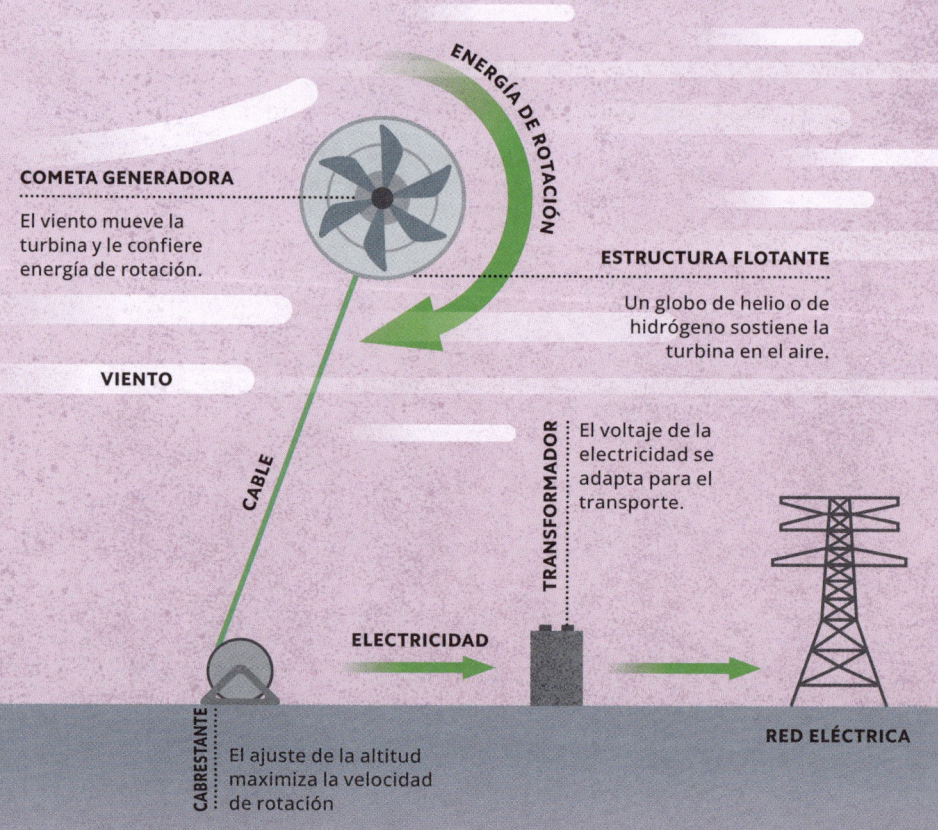

**ENERGÍA DE ROTACIÓN**

**COMETA GENERADORA**

El viento mueve la turbina y le confiere energía de rotación.

**ESTRUCTURA FLOTANTE**

Un globo de helio o de hidrógeno sostiene la turbina en el aire.

**VIENTO**

**CABLE**

**TRANSFORMADOR**

El voltaje de la electricidad se adapta para el transporte.

**ELECTRICIDAD**

**RED ELÉCTRICA**

**CABRESTANTE**

El ajuste de la altitud maximiza la velocidad de rotación

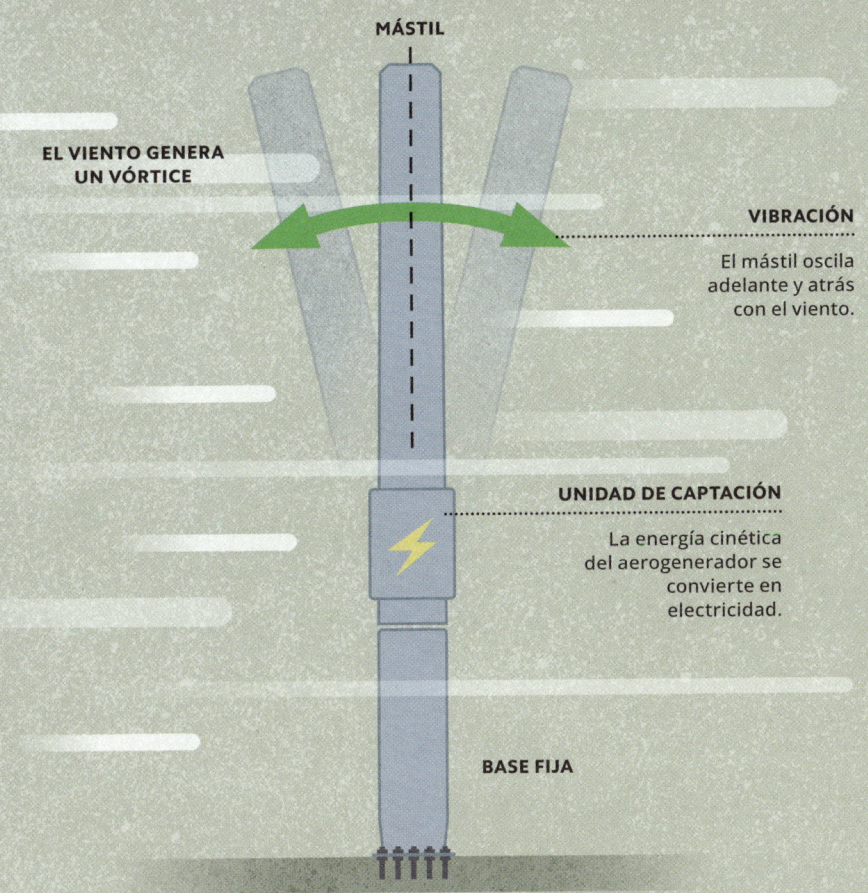

**MÁSTIL**

**EL VIENTO GENERA UN VÓRTICE**

**VIBRACIÓN**

El mástil oscila adelante y atrás con el viento.

**UNIDAD DE CAPTACIÓN**

La energía cinética del aerogenerador se convierte en electricidad.

**BASE FIJA**

# BUENAS VIBRACIONES

Otra alternativa a los aerogeneradores tradicionales la ofrecen los sistemas «sin aspas», dispositivos cilíndricos relativamente pequeños (de dos a tres metros de altura) que vibran cuando el viento crea a su alrededor remolinos de presión (vórtices). Ese movimiento genera electricidad. Los aerogeneradores sin aspas soslayan algunas de las objeciones más frecuentes en contra de la energía eólica. Casi no hacen ruido para el oído humano, no perturban los paisajes y no perjudican ni a los radares ni a las aves migratorias.

# REACTORES DE BOLSILLO

La energía nuclear no emite carbono y suele considerarse una tecnología verde a la que corresponde un papel en el futuro de la energía. Sin embargo, las nuevas centrales nucleares se encuentran entre los proyectos de infraestructura más complejos y costosos del mundo. Por eso se han diseñado reactores de tamaño reducido llamados pequeños reactores modulares (SMR). El tamaño de los SMR es una fracción de los grandes, se ensamblan en el lugar donde vayan a instalarse a partir de piezas hechas en fábricas y permiten economías de escala. Hay más de 80 diseños en desarrollo hoy día en todo el mundo.

**MICRORREACTOR**

Los microrreactores, de entre 1 y 20 megavatios, son lo bastante pequeños como para transportarlos en camiones y suministrar electricidad a enclaves apartados o bases militares.

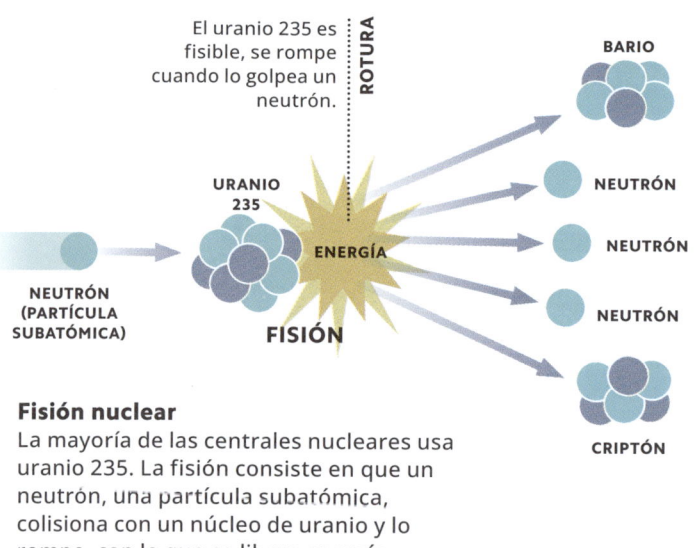

El uranio 235 es fisible, se rompe cuando lo golpea un neutrón.

**ROTURA**

**URANIO 235**

**ENERGÍA**

**FISIÓN**

**NEUTRÓN (PARTÍCULA SUBATÓMICA)**

**BARIO**

**NEUTRÓN**

**NEUTRÓN**

**NEUTRÓN**

**CRIPTÓN**

**Fisión nuclear**
La mayoría de las centrales nucleares usa uranio 235. La fisión consiste en que un neutrón, una partícula subatómica, colisiona con un núcleo de uranio y lo rompe, con lo que se libera energía.

**DEUTERIO (UNA FORMA DE HIDRÓGENO)**

**TRITIO (UNA FORMA DE HIDRÓGENO)**

> «[La nuclear] es la única fuente de energía libre de emisiones de carbono y escalable que está disponible 24 horas al día».
> Bill Gates, cofundador de Microsoft

**REACTORES MODULARES PEQUEÑOS (SMR)**
Con entre 20 y 300 megavatios, se pueden instalar en emplazamientos donde no sería posible colocar un reactor grande como, por ejemplo, en lugares con escasa disponibilidad de agua.

**REACTOR DE GRAN ESCALA**
Los reactores tradicionales producen de 300 a 1 000 megavatios y proporcionan cantidades ingentes de energía, pero planear, construir, operar y desmantelarlos constituye un proyecto colosal.

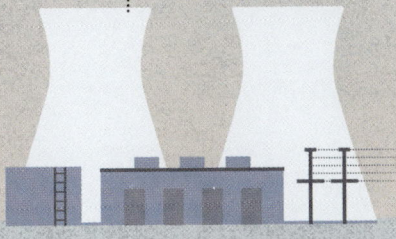

# ¿LA ENERGÍA DEL FUTURO?

La energía atómica actual domestica la fisión nuclear, que consiste en romper núcleos pesados para obtener otros más ligeros y liberar energía. Hace mucho que se aspira a aplicar la reacción opuesta, la fusión nuclear, el proceso que podría generar cantidades ilimitadas de energía limpia y sin residuos peligrosos.
Cuesta mucho mantener la fusión en marcha porque se requieren presiones y temperaturas extremas. La investigación es lenta, y suele decirse que «la fusión nuclear siempre está a 20 años vista».

**UNIÓN**
En las condiciones adecuadas, dos núcleos de hidrógeno se unen, forman uno de helio y expulsan un neutrón.

HELIO

**ENERGÍA**

**FUSIÓN**

NEUTRÓN

**Fusión nuclear**
La investigación en fusión nuclear se centra sobre todo en la reacción entre deuterio y tritio. Los núcleos de estas dos modalidades de hidrógeno se combinan y forman helio, a la vez que emiten energía y un neutrón.

EL ENTO

CONSTR

# RNO
# UIDO

**El entorno construido** hace referencia a las estructuras artificiales que posibilitan la actividad humana. Esto incluye los edificios, las carreteras, los puentes y los parques, así como la infraestructura necesaria para el desplazamiento de mercancías. Crear y mantener un entorno construido para una población en crecimiento consume cantidades enormes de recursos naturales. Se están inventando materiales y técnicas más sostenibles para evitar daños ambientales irreversibles, desde hormigones de bajas emisiones o casas de impresión 3D hasta tecnologías que optimizan el uso de servicios como la sanidad o la electricidad. La ingeniería innovadora permite, además, crear estructuras nuevas como, por ejemplo, habitáculos en la Luna o en Marte construidos con regolito extraterrestre.

# COMUNIDADES CONECTADAS

Una ciudad inteligente es un entorno urbano en el que las tecnologías digitales recopilan y analizan datos que luego utilizan para gestionar operaciones y servicios. Esto resulta especialmente útil a la hora de optimizar el despliegue de recursos como la electricidad, el agua, las carreteras o la recogida de residuos, garantizando así una respuesta en tiempo real a los cambios de la demanda local. Se confía en que las ciudades inteligentes no solo sean más respetuosas con el medio ambiente y más eficientes desde el punto de vista económico, sino que además brinden mayor calidad de vida a sus habitantes.

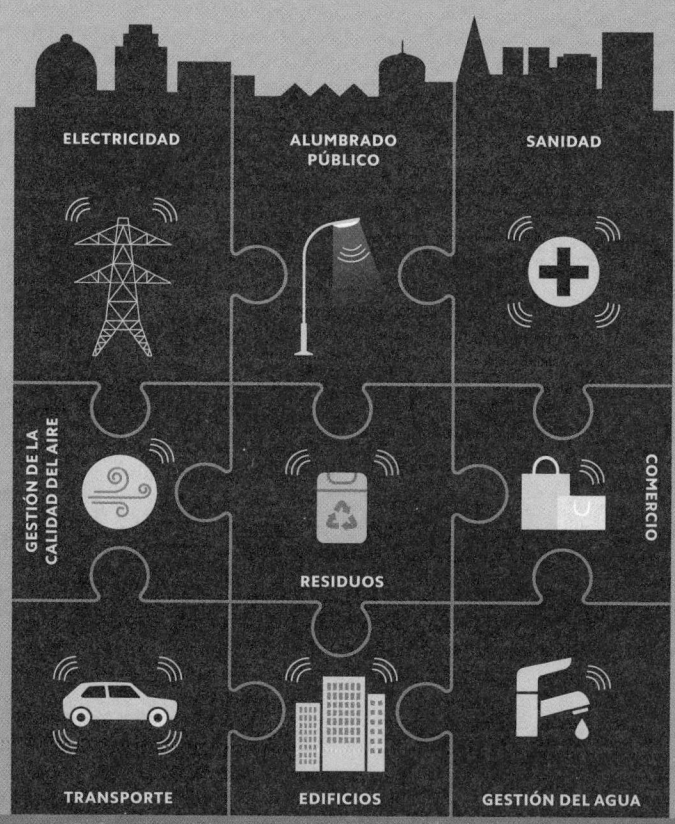

ELECTRICIDAD

ALUMBRADO PÚBLICO

SANIDAD

GESTIÓN DE LA CALIDAD DEL AIRE

RESIDUOS

COMERCIO

TRANSPORTE

EDIFICIOS

GESTIÓN DEL AGUA

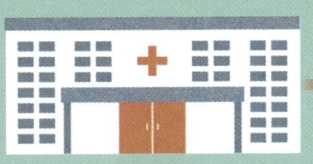
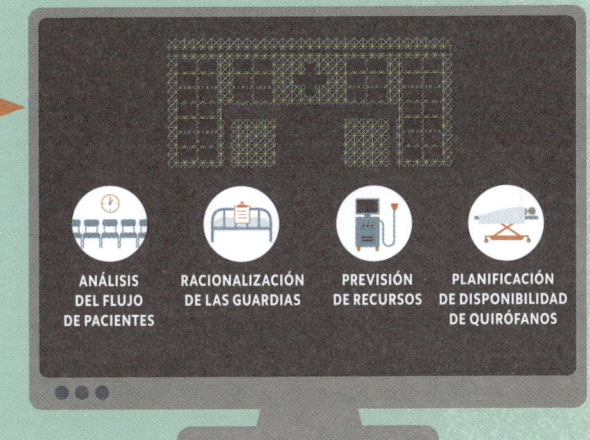

**ANÁLISIS DEL FLUJO DE PACIENTES**

**RACIONALIZACIÓN DE LAS GUARDIAS**

**PREVISIÓN DE RECURSOS**

**PLANIFICACIÓN DE DISPONIBILIDAD DE QUIRÓFANOS**

**Seguimiento de recursos**
El gemelo digital de un hospital puede servir para identificar problemas potenciales, como la falta de camas, y para resolverlos antes de que aparezcan.

# EDIFICIOS VIRTUALES

Se conoce como gemelo digital a un modelo digital detallado de un objeto físico o de un sistema. Se pueden crear para representar centrales eléctricas, hospitales, aeropuertos, bases militares o incluso ciudades enteras. Estos modelos se actualizan después con datos en tiempo real. Por ejemplo, un gemelo digital de un hospital puede servir para monitorizar y gestionar a los pacientes en lo referente a cada una de las categorías de recursos necesarios para su atención, desde servilletas de papel a personal médico para accidentes y emergencias. Esto puede ayudar a identificar y resolver deficiencias que podrían poner vidas en peligro.

# HOGARES ECO

El empleo de energías más verdes y limpias significa no solo descartar los combustibles fósiles, sino también utilizar la energía de maneras más eficientes. Los edificios consumen el 40% de la energía global y, por tanto, hay mucho interés en recortar sus necesidades. Los edificios de «consumo cero» se suelen definir como aquellos con un gasto neto de energía nulo. Esto implica que toda la energía que usan a lo largo de un año debe ser igual a la energía renovable que generan. Estos edificios están aislados por completo para minimizar la pérdida de calor y cuentan con dispositivos integrados de generación de energía, como paneles solares en sus tejados.

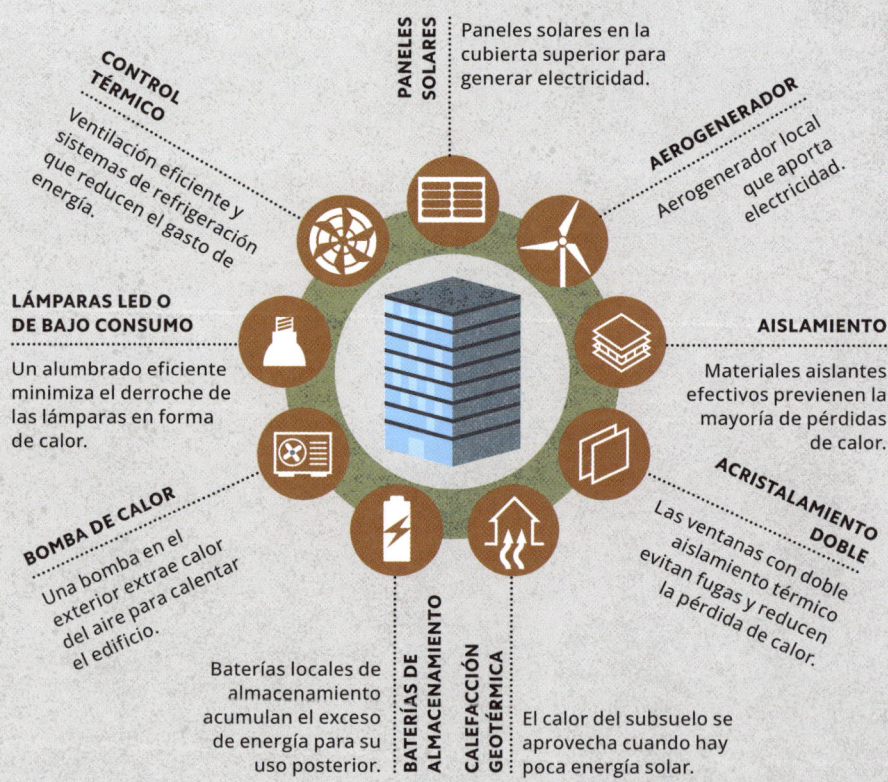

**PANELES SOLARES**
Paneles solares en la cubierta superior para generar electricidad.

**CONTROL TÉRMICO**
Ventilación eficiente y sistemas de refrigeración que reducen el gasto de energía.

**AEROGENERADOR**
Aerogenerador local que aporta electricidad.

**LÁMPARAS LED O DE BAJO CONSUMO**
Un alumbrado eficiente minimiza el derroche de las lámparas en forma de calor.

**AISLAMIENTO**
Materiales aislantes efectivos previenen la mayoría de pérdidas de calor.

**BOMBA DE CALOR**
Una bomba en el exterior extrae calor del aire para calentar el edificio.

**ACRISTALAMIENTO DOBLE**
Las ventanas con doble aislamiento térmico evitan fugas y reducen la pérdida de calor.

**BATERÍAS DE ALMACENAMIENTO**
Baterías locales de almacenamiento acumulan el exceso de energía para su uso posterior.

**CALEFACCIÓN GEOTÉRMICA**
El calor del subsuelo se aprovecha cuando hay poca energía solar.

## EDIFICIOS SUPERFUERTES

La madera masiva tiene una relación resistencia/peso superior a la del hormigón o el acero.

## SUMIDERO DE CARBONO

La madera masiva procede de árboles que capturan carbono de la atmósfera a medida que crecen.

## RESISTENTES AL FUEGO

La lignina es un polímero natural que hay en la madera y que se puede sustituir por un polímero sintético retardador del fuego, lo que reduce el peligro de incendio.

## LA UNIÓN HACE LA FUERZA

Es posible unir varias capas de madera para fabricar tabiques, techos y tejados o incluso elementos estructurales robustos capaces de soportar cargas, como vigas.

## MADERA DE LAMINACIÓN CRUZADA

Cada panel se ensambla con el anterior en sentido perpendicular, lo que da lugar a una estructura fuerte y resistente.

# RASCACIELOS DE MADERA

La humanidad lleva milenios construyendo con madera, pero los avances en ingeniería ya permiten que edificaciones de este material alcancen el tamaño de los rascacielos. Estas estructuras podrían utilizar tan solo madera o bien combinarla con hormigón o acero. Los bloques de edificios de madera se hacen con madera masiva, que es un producto de ingeniería diseñado para ofrecer ciertas propiedades como, por ejemplo, ser más resistente que el hormigón a la vez que es más ligero que el hormigón o que el acero. La madera laminada cruzada se fabrica adhiriendo capas de madera en ángulos rectos y resulta especialmente robusta. La madera masiva es un material renovable, y su producción consume menos energía que los materiales de construcción convencionales.

# HORMIGÓN «VERDE»

El hormigón es la segunda sustancia más usada en el mundo, después del agua. Por desgracia, su producción genera un gran impacto ambiental. El cemento Portland, que es el ingrediente fundamental del hormigón, es una de las sustancias que más contribuye a emitir de dióxido de carbono, debido a las altas temperaturas y a las reacciones químicas que intervienen en su producción. Los esfuerzos por conseguir cementos de bajas emisiones se centran en encontrar alternativas al cemento Portland. Las nuevas tecnologías incluyen compactar el hormigón inyectando en la mezcla carbono capturado (véase abajo). Sustituir la arena con agregados que contengan materiales tales como residuos plásticos o escombros de hormigón también haría más verde este producto.

**CARBONO CAPTURADO**
El $CO_2$ capturado se almacena en un tanque a presión, listo para su reciclaje en la construcción.

**MINERALIZACIÓN**
El $CO_2$ se inyecta en la mezcla y experimenta una reacción que lo mineraliza, con lo que queda atrapado.

**CARBONO ATRAPADO**
En forma mineral, el $CO_2$ atrapado en el hormigón no se libera jamás, ni siquiera al demoler la estructura.

AGUA

CEMENTO

GRAVA

HORMIGÓN

$CO_2$

**Un proceso con balance neto negativo**
Al añadir $CO_2$ capturado al hormigón se requiere menos cemento. El proceso permite que el hormigón alcance un balance neto negativo de emisiones porque bloquea más carbono del que emite.

**DISEÑO 3D ASISTIDO POR COMPUTADORA**

**Fabricación no *in situ***
Los módulos se diseñan y construyen en una fábrica mediante procesos que pueden implicar impresión 3D (véase p. 22), y luego se trasladan al lugar de su instalación.

**ENVÍO DEL DISEÑO A LA FÁBRICA**

**LA FÁBRICA PRODUCE UNIDADES ESTANDARIZADAS**

**TRANSPORTE DE LOS MÓDULOS**

**MONTAJE RÁPIDO *IN SITU***

# MONTAJE RÁPIDO

Los edificios modulares se construyen fabricando piezas repetidas, o módulos, en algún otro sitio que después se transportan al lugar definitivo. Este tipo de construcciones ha existido, de una forma u otra, al menos desde la década de 1830, pero cada vez se considera más importante para el futuro de la edificación. Reduce al mínimo los residuos y el impacto ambiental, mejora la eficiencia (porque permite fabricar a la vez varias partes) y aporta flexibilidad. La edificación se torna posible, además, en lugares donde los métodos convencionales no serían viables como, por ejemplo, en la estación de investigación Halley de la Antártida.

# CASAS IMPRESAS

La construcción de edificios completos mediante fabricación aditiva (véase p. 22) es posible si se dispone de una impresora 3D lo bastante grande. Esta emplea un plano digital para levantar la estructura *in situ* mediante la extrusión de una mezcla con textura de pasta, normalmente hormigón, que se acumula en capas sucesivas. Las tuberías, cables y otros componentes como ventanas o puertas se añaden en una fase posterior. Esta manera de construir es rápida, permite un uso eficiente de los recursos y mayor creatividad que una obra convencional.

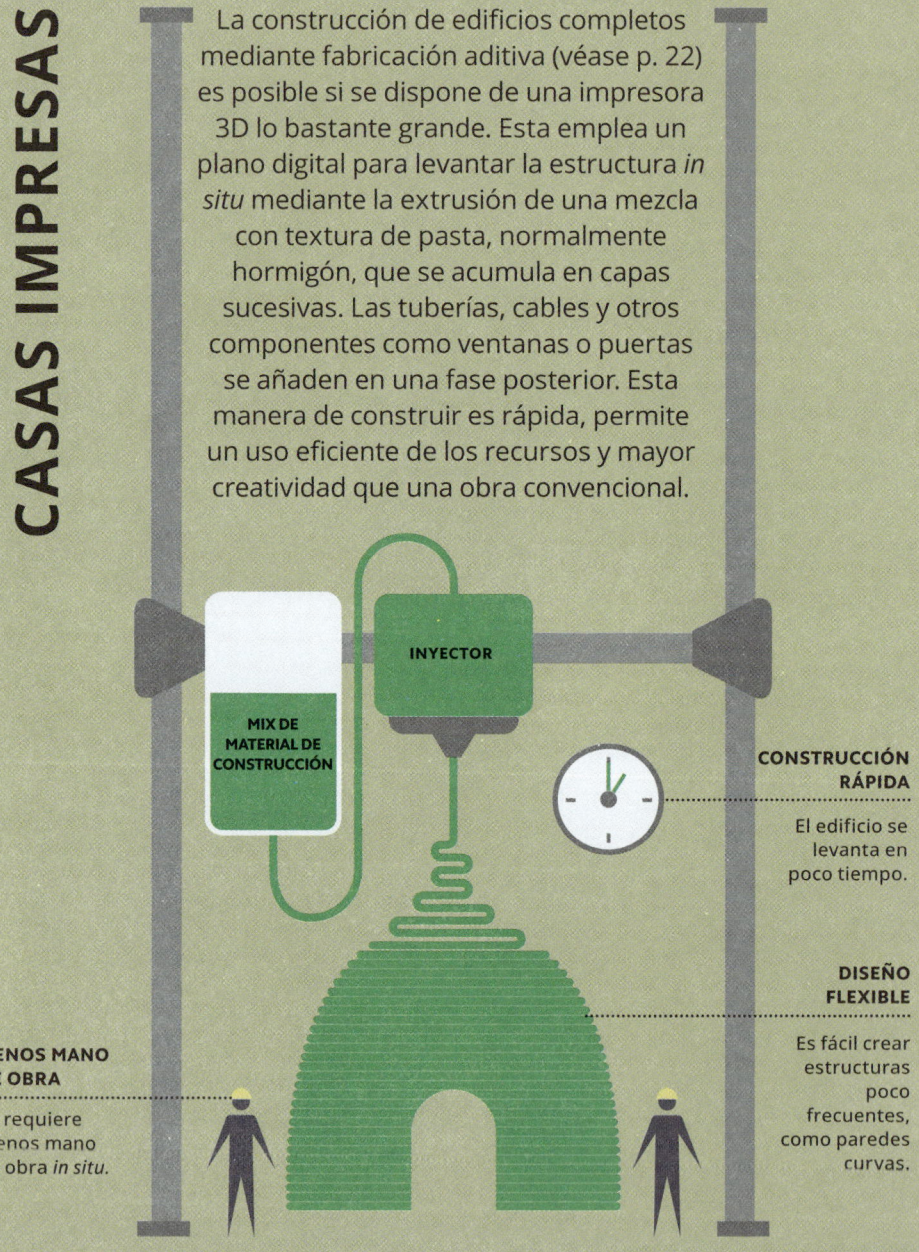

**INYECTOR**

**MIX DE MATERIAL DE CONSTRUCCIÓN**

**CONSTRUCCIÓN RÁPIDA**

El edificio se levanta en poco tiempo.

**DISEÑO FLEXIBLE**

Es fácil crear estructuras poco frecuentes, como paredes curvas.

**MENOS MANO DE OBRA**

Se requiere menos mano de obra *in situ*.

## MITIGAR LAS INUNDACIONES

Drenaje de agua hacia lugares de almacenamiento.

**SUPERFICIES PERMEABLES**
Los huecos entre las losas permiten la filtración del agua.

Un tanque flotante eleva el edificio.

**EDIFICIOS FLOTANTES**
Los cimientos flotantes elevan los edificios durante las inundaciones.

Una pared con la textura adecuada simula un arrecife.

**DIQUES MARINOS ECOLÓGICOS**
Protegen de las tormentas y favorecen la biodiversidad.

# PROTECCIÓN CLIMÁTICA

Los sucesos meteorológicos extremos están incrementando tanto su frecuencia como su intensidad. Aparte de dejar de construir en lugares amenazados por la subida del nivel del mar, es posible adaptar las infraestructuras del futuro para que resistan mejor el mal tiempo. Por ejemplo, las vías del ferrocarril se pueden fabricar con metales resistentes a temperaturas elevadas, que se expandan y deformen menos con el calor, y los edificios pueden dotarse de cubiertas vegetales que aporten sombra o incluso construirse bajo tierra.

## GESTIÓN DEL CALOR

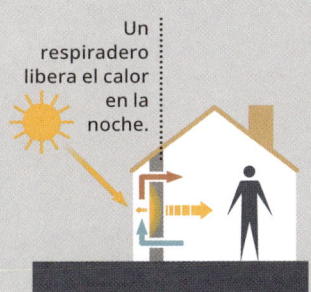

Un respiradero libera el calor en la noche.

**MURO TROMBE**
Un panel de vidrio absorbe la luz solar y almacena su energía cuando hace calor.

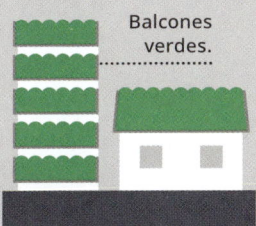

Balcones verdes.

**EDIFICIOS VERDES**
Los edificios cubiertos de vegetación absorben contaminantes y proporcionan sombra.

**SUPERFICIES REFLECTANTES**
Un tejado blanco refleja la luz solar y mantiene fresco el interior.

# PARTES MÓVILES

Se conocen como estructuras activas las grandes estructuras capaces de adaptarse a los cambios del entorno. Las naves espaciales suelen ser estructuras activas porque tienen que adaptarse a condiciones extremas en el transcurso de sus misiones. La Estación Espacial Internacional, por ejemplo, orienta y retrae sus paneles solares, de 35 m de largo. Estructuras gigantes hipotéticas, como ascensores espaciales o torres que desde el ecuador alcancen el espacio, también tendrán que tener un carácter adaptativo.

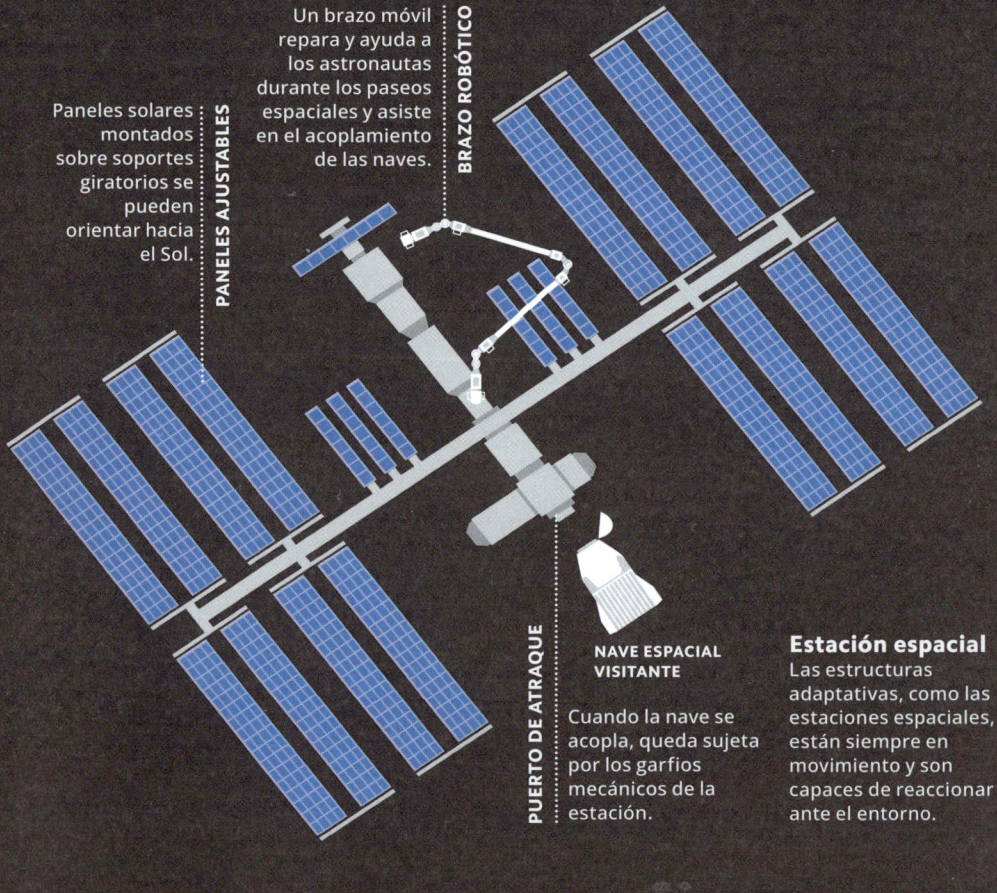

**PANELES AJUSTABLES**
Paneles solares montados sobre soportes giratorios se pueden orientar hacia el Sol.

**BRAZO ROBÓTICO**
Un brazo móvil repara y ayuda a los astronautas durante los paseos espaciales y asiste en el acoplamiento de las naves.

**PUERTO DE ATRAQUE**

**NAVE ESPACIAL VISITANTE**
Cuando la nave se acopla, queda sujeta por los garfios mecánicos de la estación.

**Estación espacial**
Las estructuras adaptativas, como las estaciones espaciales, están siempre en movimiento y son capaces de reaccionar ante el entorno.

# VIDA ENCAPSULADA

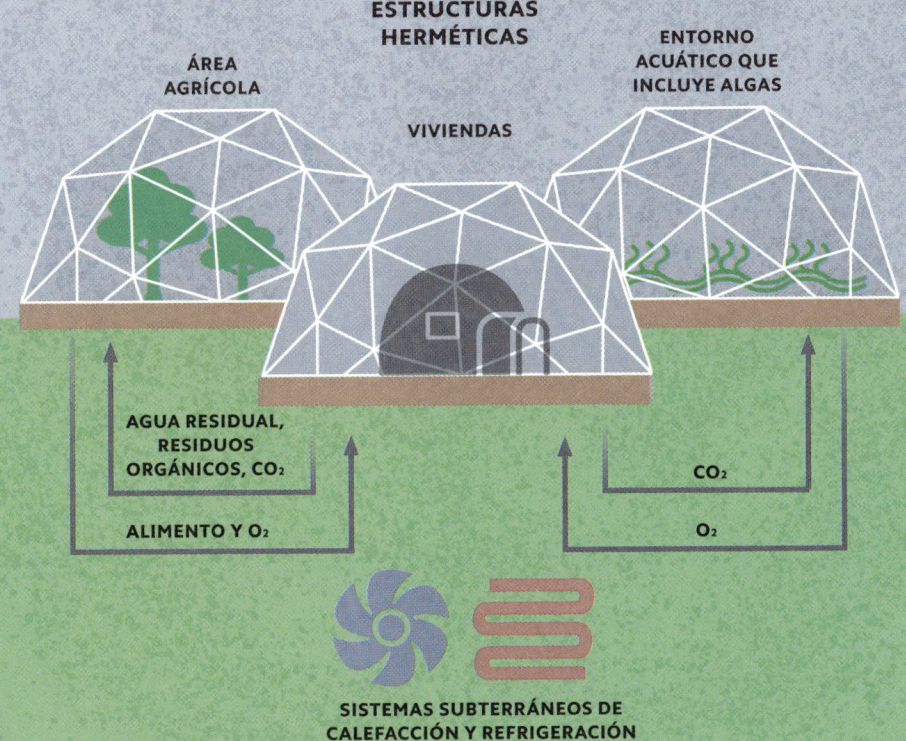

ESTRUCTURAS
HERMÉTICAS

ÁREA
AGRÍCOLA

ENTORNO
ACUÁTICO QUE
INCLUYE ALGAS

VIVIENDAS

AGUA RESIDUAL,
RESIDUOS
ORGÁNICOS, $CO_2$

$CO_2$

ALIMENTO Y $O_2$

$O_2$

SISTEMAS SUBTERRÁNEOS DE
CALEFACCIÓN Y REFRIGERACIÓN

Los sistemas ecológicos cerrados consisten en comunidades vivas que pueden subsistir totalmente aisladas, es decir, sin intercambiar materia, como oxígeno, con el entorno exterior. La Tierra se podría considerar un ejemplo de ello, pero el término suele reservarse para ecosistemas artificiales pequeños. En un sistema cerrado, los desechos de una especie son útiles para otra en forma de, por ejemplo, alimento. No es que estos sistemas hagan falta de manera inmediata, pero se investiga en ellos con la vista puesta en construir bases en la Luna y en Marte.

# CONSTRUIR CON POLVO ESPACIAL

Si los seres humanos van a pasar temporadas largas en la Luna, Marte u otros objetos celestes, no podrán depender siempre de los recursos que se les envíen desde la Tierra. Tendrán que hallar el modo de sobrevivir utilizando los materiales disponibles *in situ,* lo que incluye la construcción de habitáculos. Las agencias espaciales se preparan para las misiones del futuro investigando cómo aprovechar el regolito (el material que conforma la superficie de la Luna o de un planeta) como base de construcción.

## Trabajar con materiales del espacio

Es posible construir con regolito aplicando técnicas de sinterización, aglutinación o soldadura en frío.

**MATERIA PRIMA**

La Luna y Marte están cubiertos por una mezcla suelta de polvo y rocas, el regolito.

**HABITÁCULO MODULAR CERRADO**

Los habitáculos se construirán añadiendo módulos fabricados *in situ* a los módulos iniciales enviados desde la Tierra.

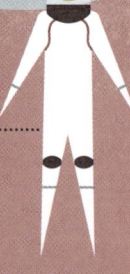

**REACTOR NUCLEAR**

**PANEL SOLAR**

**FUENTES DE ENERGÍA**

La energía puede proceder de un reactor nuclear de fisión ligero, capaz de funcionar en cualquier situación meteorológica, y de paneles solares.

**TRAJES ESPACIALES**

Trajes espaciales presurizados y aislados proporcionan oxígeno y protegen de la radiación, y permiten a los habitantes salir del sistema cerrado del habitáculo.

### SINTERIZACIÓN

La luz solar concentrada sinteriza el regolito hasta convertirlo en un sólido.

### AGLUTINACIÓN

Hay materiales *in situ,* como azufre fundido o ácido fosfórico, para cohesionar el regolito.

### AGLUTINANTE DE EMERGENCIA

En casos de extrema necesidad, la sangre humana puede usarse como aglutinante.

### SOLDADURA

El regolito se puede soldar en frío si se aplica presión entre dos superficies suaves hasta formar enlaces atómicos.

**EDIFICIO DE REGOLITO**

Los materiales locales se pueden utilizar para construir habitáculos modulares en la Luna y en Marte.

# VIDA EN MARTE

La colonización del espacio es un tópico de la ciencia ficción desde sus inicios. Sin embargo, poblar un cuerpo celeste como la Luna o Marte sin terraformarlo (véanse pp. 154-155) requerirá habitáculos artificiales equipados con sistemas de soporte vital complejos que protejan de una atmósfera mortal, de la falta de presión, de la radiación solar y de un frío extremo. En la actualidad se investiga cómo lograrlo recurriendo a recursos *in situ* (véase arriba) y considerando otros aspectos de la vida fuera de la Tierra.

**TODOTERRENOS**

Los vehículos robóticos podrían desempeñar tareas prácticas en la superficie, como recolectar regolito.

# TIERRA 2.0

Terraformar significa, literalmente, «dar la forma de la Tierra», y consiste en modificar a propósito un objeto celeste para volverlo más parecido a la Tierra. La idea suele provenir del contexto especulativo de hacer que los mundos sean habitables para los seres humanos sin la necesidad de ecosistemas artificiales cerrados (véase p. 151) o trajes espaciales. Terraformar Marte (el planeta

**MARTE HOY**

Plantas o algas producen oxígeno.

El calor queda atrapado.

**USO DEL EFECTO INVERNADERO**
Elevar la concentración de carbono en la atmósfera de Marte atraparía el calor del Sol en la superficie.

**INCREMENTO DE OXÍGENO**
Para hacer respirable la atmósfera de Marte habría que incrementar su contenido de oxígeno.

**PROVOCAR UN IMPACTO DIRECTO**
Reconducir un asteroide para que choque contra Marte aportaría una energía que elevaría algo la temperatura y, tal vez, crearía un lago.

## Un planeta hostil

La bajísima temperatura en superficie de Marte, de -153 °C, y la escasa densidad de su atmósfera lo convierten en un planeta hostil para la vida. La terraformación requeriría introducir vida vegetal y alterar la superficie y la atmósfera para obtener calor y agua.

con más probabilidades de resultar acogedor para los seres humanos) requeriría elevar su temperatura superficial, dotarlo de agua y generar una atmósfera respirable y protectora. Es probable que terraformar Marte quede más allá de las capacidades de la tecnología actual, pero la idea se ha considerado con seriedad como una manera de garantizar el futuro de la humanidad a largo plazo.

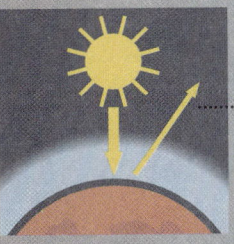

Menos pérdida de calor.

**MANIPULACIÓN DE LA REFLEXIÓN**
Oscurecer la superficie de Marte reduciría la reflexión de luz solar y favorecería la absorción de calor.

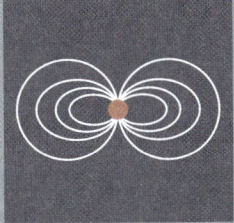

**GENERACIÓN DE UN CAMPO MAGNÉTICO**
Los campos magnéticos protegen los planetas frente a los rayos cósmicos, y ya hay varias propuestas para crear uno en Marte.

MARTE EN EL FUTURO

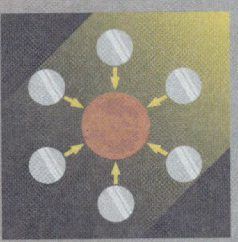

**CONCENTRAR LUZ SOLAR**
Espejos en órbita permitirían enfocar la luz solar para incrementar tanto el calor como la luz disponible en la superficie y producir electricidad.

# ÍNDICE

Los números de página **en negrita** remiten a las entradas principales.

# AGRADECIMIENTOS

DK agradece a las siguientes personas su ayuda en la elaboración de este volumen: Debra Wolter por la corrección de pruebas; Helen Peters por el índice; al diseñador de maquetación Harish Aggarwal; a la coordinadora de cubierta Priyanka Sharma Saddi.

Todas las imágenes © Dorling Kindersley Para más información: www.dkimages.com